激发孩子兴趣的
昆虫百科

冰河 编著

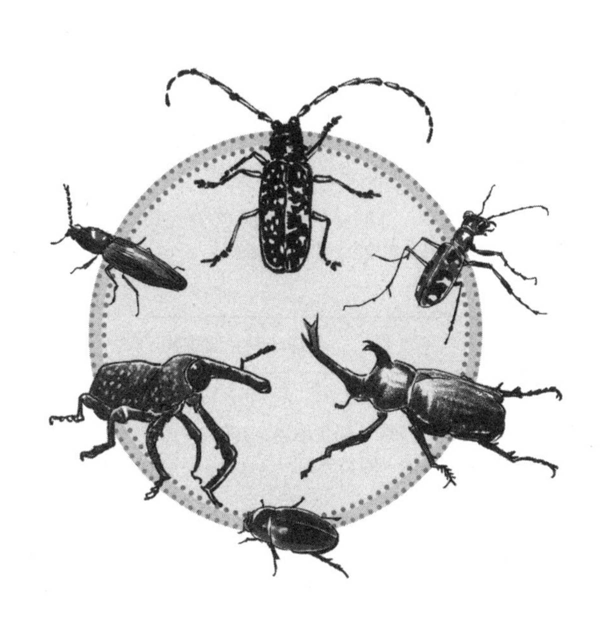

中国纺织出版社有限公司

内 容 提 要

走进昆虫大世界，满足青少年的好奇心理，开阔视野。或许在不经意间，发现生活中常见的昆虫就在这本昆虫百科里，并能以猎奇的视角和科学的方法学习知识。

本书是一本青少年科普趣味读物，详细阐述了昆虫的起源、昆虫与人类的关系、昆虫的种类等内容，选取了有趣又重要的科普知识，集科学性、知识性、趣味性于一体，希望为青少年打开一扇了解昆虫百科之窗。

图书在版编目（CIP）数据

激发孩子兴趣的昆虫百科/冰河编著. --北京：中国纺织出版社有限公司，2024.4

ISBN 978-7-5180-9843-9

Ⅰ. ①激… Ⅱ. ①冰… Ⅲ. ①昆虫学—青少年读物 Ⅳ. ①Q96-49

中国版本图书馆CIP数据核字（2022）第165669号

责任编辑：刘桐妍　　责任校对：王蕙莹　　责任印制：储志伟

中国纺织出版社有限公司出版发行
地址：北京市朝阳区百子湾东里A407号楼　邮政编码：100124
销售电话：010—67004422　传真：010—87155801
http://www.c-textilep.com
中国纺织出版社天猫旗舰店
官方微博 http://weibo.com/2119887771
三河市延风印装有限公司印刷　各地新华书店经销
2024年4月第1版第1次印刷
开本：710×1000　1/16　印张：10
字数：128千字　定价：49.80元

你知道最初的生命起源吗？在人类居住的地球上，到处充盈着生命。目前生活在地球上的动物、植物，已经被人类发现、记载和命名的约有200万种，其中海洋动物约有16万种，已知的昆虫有100余万种，不过依然有许多种类未被发现。昆虫在动物界中种类最多，数量最大，对农业生产和人类生活产生重大影响。

其实，世界上的昆虫不仅种类多，而且同个种类的个体数量也非常惊人。昆虫的分布面积非常广，几乎没有其他纲的动物可以与之相比，甚至一个种类便已遍及全球。大多数昆虫可以做标本，是人类可以利用的良好生物资源。如此庞大的昆虫群体，对人类的重要性是无法估量的。有些昆虫自身的产物，诸如蜂蜜、蚕丝、白蜡等是人类的食品或工业的原料。而且，有2/3的昆虫是花植物的花粉传播者，还有的昆虫可以分解大量的废物，并将这些运送到土壤完成物质循环。当然，昆虫也是人类生存的竞争者，有一些昆虫会毁掉人类的大量粮食和农产品，据统计，世界上每年至少有20%～30%的农产品被昆虫吃掉。昆虫，既是人类的朋友，又是人类的敌人，长久以来，昆虫与人类始终保持着十分密切的关系。

可以说，从高山到深渊，从赤道到南北极，从海洋、河流到沙漠，从草地到森林，从土壤到天空，从野外到家里，昆虫的身影无处不在。例如，有在空中飞行的蜜蜂、蜻蜓，有在地表上爬行的蟑螂，有在土壤里生活的地老虎，有在水中生活的水龟虫，有寄生在其他动物体表的跳蚤等。

古往今来，无数的昆虫吸引了众多科学家的探索和研究，更是吸引了许多充满无限好奇心的青少年。青少年正处于学习知识的关键时期，应该广泛涉猎各门类知识，尤其是生物百科中的昆虫。通过生物百科昆虫的学习，能够有效促进多学科相互交叉，相互渗透，让青少年更容易掌握丰富的科学知识。

编著者

2023 年 8 月

目录
CONTENTS

第01章

昆虫的起源

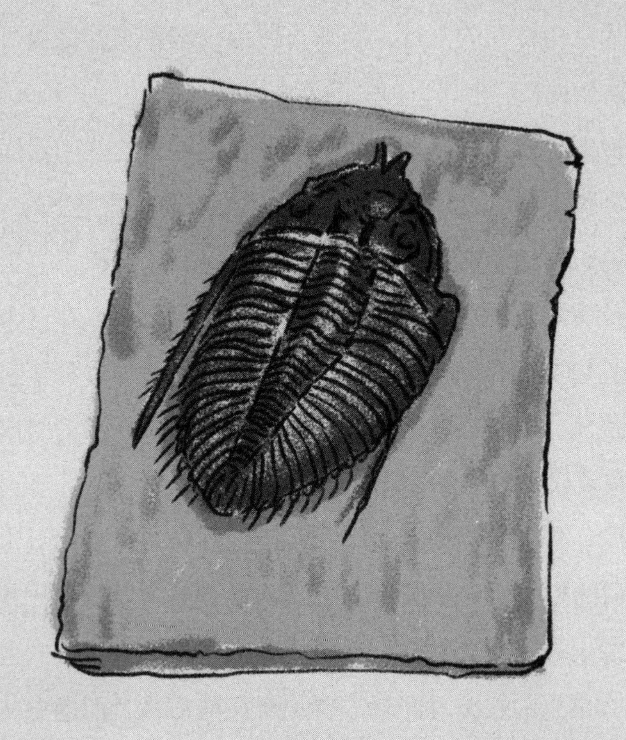

昆虫的祖先是谁

在整个地球陆生生态系统中，昆虫可以说是最早的成员之一，而且是其中最重要、最庞大的一个动物类群。目前我们已经知道的昆虫种类超过了100万种，占据动物界所有物种的2/3，其中95%以上是有翅昆虫种类。在生物界，昆虫是第一个可以在蓝天中飞行的类群，它们也是无脊椎动物中唯一能够在天空中翱翔的类群。当然，因为一些种类的昆虫可以在空中自由飞行，自然在觅食、求偶、御敌等方面更具优势。

昆虫的祖先是谁？在哪个时间哪个地方起源？这些问题尚存争议。不过，有专家学者认为，昆虫是从无翅昆虫进化成为有翅昆虫的。

在苏格兰的阿伯丁郡，有一个称为莱尼燧石层的矿床，里面藏了一种无翅的内颚类弹尾目昆虫，这就是最古老的昆虫化石。在这个地区，科学家们还发现了12块保存完整或残缺的化石标本。后来，科学家经过对化石标本的严格检测，认定标本的成分与周围泥盆纪燧石层的组成成分是一样的，排除了被现代物种化石污染的可能。

在这之后，科学家们在泥盆纪和石炭纪发现的昆虫化石也都是无翅的种类。但之后的相关研究发现，在4亿年前，昆虫并非只有无翅类群，有翅的昆虫也曾经出现在历史洪流中。如果我们认为昆虫中最古老的类群是无翅昆虫，那么昆虫的起源时间就需要不断往前推移。而昆虫从有翅到无翅的可能性也是存在的，但是这种可能性非常低，因为，物种的进化过程通常是由简单到复杂，由低级到高级。

从早石炭世到中三叠世，只有昆虫能在天空中自由飞翔。而在这之后出现的翼龙、鸟、蝙蝠等脊椎动物的飞翔历史较之并不长。第一个真正的昆虫翅化石是已绝灭的古网翅目的一个种类。

进入石炭纪末期，由于成虫、幼虫在食物、生存空间方面的竞争，昆虫开始出现蛹期。当昆虫有了蛹期，翅就开始发生转变，部分昆虫的翅开始由外生变成内生。一系列的变化，让昆虫越来越适应环境，于是昆虫成为地球生物圈最庞大的类群。

当然，转了一圈，我们也无法确认昆虫的祖先到底是谁，起源仍然没有答案。但是，世界上还有新的、更完整的、更古老的化石等待被发现，那些古老的化石将会为我们一一解答这些困惑，带给我们新的惊喜。但毋庸置疑的是，昆虫是地球上适应能力最强的生物，它们在地球上至少已经存在了4亿年，是进化最成功的一类生物。

走进昆虫的进化史

不管是人类，还是那些微不足道的昆虫，都各自有源头。距今4亿年，昆虫在古生代的泥盆纪出现了，比鸟类还要早2亿年，所以昆虫可以算是地球上的元老族群。

虽然昆虫的身体非常小，在地球上出现的时间又是那么早，因此留存在这个世界上的痕迹非常罕见，但是科学家们还是靠着非常丰富的想象力把在地球上发现的化石，与目前在大自然找到的相似活体进行对照，从中梳理出了许多昆虫起源的线索。随着地球万物的不断演化和时间的延续，昆虫的发展史慢慢铺展开来。

你一定猜不到，昆虫最早的祖先是在水里生活的，它看起来像蠕虫，也像蚯蚓，身体分为很多可以活动的环节。它的前端环节上有刚毛，当它在运动时不停地向四周触摸着，发挥着感觉作用。在头部和第一环节间的下方，有一个小孔用来获取食物。这种身躯结构简单的蠕虫形状的动物，被认为是环形动物、钩足动物和节肢动物的共同祖先，更是昆虫的始祖了。

随着时间的推移，昆虫的身体开始慢慢演化，逐渐走上了陆地。这一时期，昆虫的身体结构发生了很大变化，主要是为了适应陆地生活。它们原本的许多环形体节及附肢，演变成为头、胸、腹三大段的体态。当然，这个变化不是一蹴而就的，而是经历了2亿～3亿年的漫长时间，并将以缓慢的脚步继续演变下去。

早期的昆虫从小长到大都是一个样子，所不同的只是身体节数的变化，性发育由不成熟到成熟。那时它们在躯体上没有明显的可用来飞翔的翅，原来的多条腹足也没有完全退化。后来有些种类昆虫的腹足演化成用来跳跃的器官；有些种类还保持着原来的体态，如现在被列为无翅亚纲中的弹尾目、原尾目及双尾目昆虫。随着时间的流逝，大约在泥盆纪末期，有些昆虫才由无翅演化到有翅。

在以后亿万年的漫长历史变迁中，有些种类的昆虫，由于不能适应冰川、洪水、干旱以及地壳运动等外界环境的剧烈变化，就在演变过程中被大自然淘汰；也有些种类的昆虫，慢慢适应了环境，这就是延续的昆虫。例如，天空中飞翔的蜻蜓，仓库及厨房中常见的蟑螂，它们的模样就与数万年前的化石标本没有区别。

大约在2.9亿年前，是昆虫演变最快的时期。在这段时间内，许多不同形状的昆虫相继出现，但大多数种类属于渐进变态的不完全变态类型。在以后的世代中，又有些种类的昆虫从幼期发育到成虫，无论从身体形状还是发育过程都有了明显的变化，成为一生中要经过卵、幼虫、蛹、成虫四个不同发育阶段的完全变态类群。

进入石炭纪时期，大自然中的森林葱郁，树木生长非常迅速，遍布的沼泽、湖泊又为植物提供了水分，于是植食性的昆虫加速繁衍。不过，即便是如此优越的环境，食用植物的昆虫与大型动物之间，以及与以昆虫为食的其他动物之间，都存在激烈的竞争关系，昆虫的生物链也在逐渐形成。

在一系列的竞争中，其实体型较大、性子猛烈的类群并不占优势，反而是那些体型小、食量少、繁殖力强的类群占据优势，特别是喜欢吃植物的昆虫，获得了快速发展的机会。

当然，与其他生物在地球的发展史一样，昆虫的生存与发展也并非很顺利，其中还经历了几次大的起伏。距今2.3亿年前至1.9亿年前的中生代，发生了一次大的毁灭性灾难。这一时期，地球上的气候发生了很大的变化，原本看起来生机盎然的陆地干枯了，成为一片片不毛之地，只有在湖泊岸边和沿海地区的小范围内才有点森林绿洲，这就让以植物为食的昆虫失去了食物来源。

由于这一阶段的变化，部分爬行动物以前生活在水里，而水域的减少改变了它们在水里的生活习性及身体构造，慢慢演变成会飞的而且由以植物为食转变为以昆虫为食的始祖鸟。于是，在森林、绿地之间飞翔的部分有翅昆虫，逐渐失去了生存的领空。不过，也有的昆虫凭着自身优势适应了环境，并顽强地繁衍自己的种群。

无翅亚纲的各种昆虫都很原始，它们从出现至今仍未绝种，可以说是远古地球的遗民。这些昆虫没有翅膀，也不经过变态过程。

事实上，有些学者认为这一亚纲中的某些动物不应当归入昆虫纲。但是不管怎么样，没有翅膀的昆虫在昆虫演化史上也占有重要地位。双尾目的地位尤其重要，因为它们是从早熟的六足幼虫发展而来的。它们和一般昆虫无异，只不过没有翅膀，同时口器藏在一个袋子里面，生长于山洞或其他阴湿地方，颜色白白的，没有视觉。

尤其需要注意的是，大约在1.3亿年前至0.65亿年前的白垩纪，地球上的近代植物群落形成，尤其是增加了显花植物种类，从而出现了一些依靠花蜜生活的昆虫种类以及捕食性的昆虫。随着哺乳动物及鸟类家族的兴旺，靠体外寄生的食毛目、虱目、蚤目等昆虫也随之而生，这样便慢慢形成了五彩缤纷的昆虫世界。

昆虫为什么这样多

在日常生活中，我们身边总会有各种各样的昆虫，特别是在春暖花开以后，冬天来临之前的这段时间里，昆虫数量之多，可以说举目皆是。在这其中，有很多昆虫让我们感到困扰，除了饱受蚊虫叮咬与苍蝇骚扰之苦外，稍不小心便会有虫飞进眼里，或被蜂类蛰痛，或被毒虫咬伤。即便是储存起来的食品和衣物，也经常遭害虫的蛀食。

当然，还有一些漂亮的昆虫令我们赏心悦目，如翩翩起舞的蝴蝶，以及在夏天里唱歌的蝉，还有勤劳酿蜜的蜜蜂，闪闪发光的萤火虫，在空中飞行的蜻蜓等。目前已定名的昆虫约有100万种，并还在以每年发现1000多个新种类的速度增长。世界上究竟有多少种昆虫还是个未知数，科学家们估计有300万～1000万种。昆虫不仅种类多，而且同一种昆虫的个体数量也很多，有的个体数量大得惊人。

那么，昆虫为什么这样多呢？可以说，昆虫是无脊椎动物中唯一有翅的动物。飞行使昆虫在觅食、求偶、避敌和扩大分布范围等方面比陆地动物有优势。

1.体型较小

生活中，我们有时看见一片白菜叶能供上千只蚜虫生活、一粒米可供好几只米象生存，诸如此类的昆虫，由于体积小，只需要少量的食物就可以生长发育。另外，昆虫因为体型较小，还可使食物成为它的隐蔽场所，从而获得了进食和避敌的优势，比如，一块砖石便可容纳上万只蚂蚁，一个树洞可同时有数十种昆虫，数百个个体共同生活。

体型小对昆虫的迁移扩散也十分有利，有翅昆虫可以凭借气流和风力向远处迁移，哪怕是无翅的种类，也可因其体积小而借助鸟、兽和人类的往来，被带到别的地方去，这样就大大地扩大了它们的生活范围，并且增加了选择适合的生存环境的机会。

2.食源较广

昆虫的口器类型在演化过程中发生了变化，有的昆虫从吃固体食物变为吃液体食物，扩大了食物的范围，与寄主的关系也得到了改善。毕竟，昆虫吃液体食物不会让寄主死亡，自然昆虫的生存也不会受到影响。昆虫能吃的东西特别多，可以说到处都是食物，不管是森林还是果园，不管是菜园还是农田，甚至活着的动物与死尸，昆虫都能从中找到它们所喜欢的食物。

3.繁殖能力惊人

生活中，我们总能窥见昆虫惊人的繁殖能力，你看，地老虎平均产卵800粒，蜜蜂的蜂王每天可以产卵1000～3000粒，像一般的昆虫一生也可以产数百粒卵。当然，不同的昆虫也有各种不同的生殖方式，如两性生殖、多胚生殖等。而那些体型较小的昆虫，其繁衍速度更快，有的昆虫甚至可以在一年内繁殖10代。因此，昆虫在占据较多优势条件之下，即便天敌较多，自然死亡率高达90%以上，其繁衍数量也能维持在一定的水平。

4.自卫能力多变与适应能力较强

对于生存环境，昆虫有着较强的适应能力，有些昆虫可以在异常严寒的地方生存，有些昆虫则在异常高温的沙漠或温泉中生存，还有的昆虫生存在纯盐或纯油之中。总的来说，昆虫在地球上的历史至少有3.5亿年了，在长期适应环境的过程中，昆虫有一定的自卫能力，保护自己不受天敌伤害。

5.完全变态与发育阶段性

地球上大多数昆虫都属于完全变态类群，它们的幼虫和成虫在形态、食性和行为等方面有着明显区别。当然，这样扩展了同种昆虫的食物来源，又满足了昆虫的营养需求，增强了其环境适应能力。

昆虫因自身的超强环境适应能力以及顽强的求生欲，经过漫长时间的繁衍，不断发展壮大起来，成为最庞大的昆虫家族占领地球。当然，还有许多关于昆虫的奥秘需要我们去发现，比如昆虫比人类更早出现，它们的顽强性或许使它们比人类活得更久。

昆虫生活在哪些地方

世界上昆虫种类这么多，它们的生活方式与生活场所必然也是各种各样的，许多科学家认为昆虫的生活方式以及生活场所都有较大的研究价值。可以说，不管在高山还是深渊，不管是赤道还是两极，不管是海洋还是沙漠，不管是草地还是森林，都有昆虫生活的影子。我们可以根据昆虫的最合适的活动场所来区分，对这些昆虫进行分类。

1.在空中生活的昆虫

有些昆虫习惯在空中生活，它们成虫之后就具有较为发达的翅膀和口器，它们大多在白天活动，寿命比较长。诸如蜜蜂、马蜂、蜻蜓、苍蝇、蚊子、牛虻、蝴蝶等此类在空中活动的昆虫，它们飞行的目的主要是进行迁移扩散，寻捕食物，婚飞求偶和选择产卵场所。

2.在地表生活的昆虫

有些昆虫喜欢在地表生活，这类昆虫大部分没有翅膀，即便有翅膀也已经不擅长在空中飞行，它们只能爬行和跳跃。一些擅长飞行的昆虫在幼虫时期和蛹期也都是在地表生活。还有一些寄生性昆虫以及专门吃腐败动植物的昆虫也喜欢在地表活动，常见的有步行虫、蟑螂等。其实，这些在地表活动的昆虫占所有昆虫种类的绝大多数，毕竟地表才是昆虫的食物所在地和栖息地。

3.在土壤中生活的昆虫

有些昆虫主要食用植物的根和土壤中的腐殖质，其在土壤中的活动和对植物根的啃食，损害了果树和苗木，这类昆虫就是在土壤里生活的昆虫。它们最惧怕光线，大多数的活动与迁徙能力都较差，白天很少会到地面活动，晚上和阴雨天才是它们最合适的活动时间。这类昆虫常见的有蝼蛄、地老虎、蝉的幼虫等。

4.在水中生活的昆虫

有的昆虫一生都生活在水中，如半翅目的负子蝽、划蝽等，鞘翅目的龙虱、水龟虫等。有些昆虫只有在幼虫时生活在水里，如蜻蜓、石蛾、蜉蝣等。水生昆虫的共同特点是：体侧的气门退化，而位于身体两端的气门发达，或以特殊的气管鳃代替气门进行呼吸作用；大部分种类有扁平而多毛的游泳足，起划水的作用。

5.寄生性昆虫

寄生性昆虫体型较小，活动能力比较差，大部分种类的幼虫都没有脚或者脚无法行走，眼睛的视力也较差。有些诸如跳蚤、虱子等寄生性昆虫一生都寄生在哺乳动物的体表，每天靠吸血为生；有些诸如小蜂、姬蜂、茧蜂、寄蝇之类的“生物防治”昆虫寄生在其他昆虫体内，对人类有益，可利用这些昆虫来防治害虫；还有的如马胃蝇则寄生在动物体内。还有一些寄生蜂或寄生蝇寄生在植食性昆虫身上后，又有另一种寄生性昆虫再寄生于前一种寄生昆虫身上，这种就称为重寄生现象，有些种类还可以进行二重或三重寄生。这些现象对昆虫来说，只是一种生存竞争的本能。

第02章

昆虫是人类的好朋友

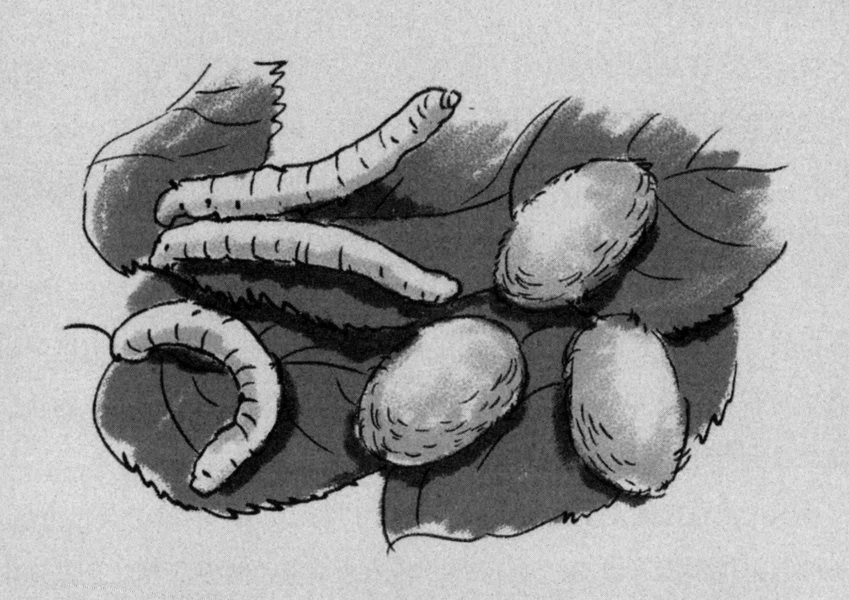

东方“丝绸之路”

东方“丝绸之路”可谓是闻名海外，根据相关文献记载和文物考证，人类在五千多年前的新石器时代已经开始种植桑树和养蚕。农业时代的初期，也就是黄帝时代就开始养蚕，而在渔猎时代的末期，蚕丝就开始被利用了。发展到周期，蚕桑生产已趋专业化，还受到当时朝廷的督察和管理。

蚕丝生产在战国时期得到了快速发展，当时的贫民百姓已经将蚕丝作为日常服饰和自由贸易的物料了。这一时期，我国丝织品有罗、绫、纨、纱、绉、绮、锦等产品，图案与色彩都异常美丽，这可以从我国各地出土的文物窥其一二。

到了宋、元时期，蚕丝生产和丝织业发展到顶峰，当时的朝廷把发展蚕丝提到与农耕同等重要的位置，在宋朝丝绸每年就达到了340万匹产量。古籍里常有“农桑并举”的记载，这些都反映了古代人民对蚕业的认识，侧面反映出当时桑蚕生产的繁荣。

我国古代蚕丝的发展促成了对外通商和文化交流。早在公元前2世纪，蚕种和养蚕技术传入日本，公元6世纪传入土耳其、埃及、阿拉伯及地中海沿岸国家，公元11世纪已传入朝鲜。桑蚕饲养技术是公元 6 世纪传入欧洲的，所以蚕丝代表东方古代文明，在东西方文化交流中起着非常重要的作用。丝绸是我国重要的产品，因此，古代西方称古都长安为“丝城”，称我国为“丝国”。

目前，亚洲、非洲、欧洲、拉丁美洲、大洋洲的多个国家与地区饲养家蚕，年产蚕茧约800万担，产丝约5万吨。我国的产茧量和产丝量都占全世界的首位。

在我国很多地方都生长着茂密的桑树林，乔木和灌木相间其中。有好几种昆虫喜欢在桑树上栖息，它们主要以桑叶或树干为食。在这其中，一种吐丝作茧的鳞翅目昆虫引起了人们的注意，这就是桑蚕。桑蚕食了桑叶后吐丝结成茧子，又钻出茧壳羽化为蛾子。后来，经过试验，人们发现茧壳打湿之后，可以拉出长长的银色丝缕，用这些丝缕可捻成线，还可以织成绸。而且这种丝绸做成的衣服，比麻布、葛布更漂亮、更舒适。随着人们逐渐定居下来，就开始人工养殖蚕，并把蚕转移到室内养殖，获得了更多的蚕茧。

家蚕，又叫桑蚕，属于蚕蛾科，是经过人类祖先长时间饲养野蚕所培育的物种，是人类改造自然的伟大成就。家蚕是完全变态昆虫，一生要经过卵、幼虫、蛹和成虫四个发育阶段。经过几千年的饲养，人们逐渐了解蚕的生活习性，养蚕技术也得到了很大提高。

现今，人们慢慢掌握了昆虫激素与变态发育的关系，并掌握了人工调节蚕的发育的方法。若想让蚕吐丝更多，就要抓住丝素、丝胶的五龄阶段，用保幼激素均匀喷在蚕的身体上，就可以让蚕的生长期变得更长，能让它多吃一些桑叶，多产出蚕丝。假如缺少桑叶、病害蔓延或劳力不足，就要让蚕提前化蛹，用蜕皮激素喷洒桑叶来喂养四龄幼虫，可以让蚕的生长期大大缩短，提前吐丝结茧。另外，人们还可以用人工饲料代替天然饲料，增加养蚕次数。

除了桑蚕以外，我国还有柞蚕、樟蚕、樗蚕、天蚕等。其中，柞蚕属于大蚕蛾科，原产地是山东莱州，是我国地位仅次于桑蚕的产丝昆虫。早在2700年前，柞蚕丝就已经作为给皇帝的贡物，在汉代由朝廷推广，经宋、元、明、清几代引种推广，分布到了全国很多省份。

昆虫还可以治病救人

世界上的昆虫有很多，但你知道有的昆虫还可以被用来治病救人吗？比如中药材里的冬虫夏草、蝉蜕、茴香虫等都来自昆虫。

1.冬虫夏草

蝙蝠蛾科昆虫的幼虫在秋冬季被虫草属的一种真菌感染死亡后，次年夏天，幼虫头上会长出一根虫草属真菌的角状子座，即为冬虫夏草。通常人们会在夏至前后挖取，然后去泥土后晒干或烘干。冬虫夏草生用，具益肾补肺、止血化痰之功效，还可用于久咳虚喘、劳嗽痰血、阳痿遗精、腰膝酸痛等症。可单用浸酒服用，也可以与鸡、鸭、猪肉等一起炖食，对病后体虚不复、自汗畏寒等有补虚功效，对肺癌等肿瘤也有一定的辅助治疗作用。

2.蝉蜕

蝉蜕是蝉的老熟若虫所蜕下的皮。蝉属同翅目，蝉科，不完全变态昆虫。蝉的若虫生活在地下，老熟若虫在将要羽化时自地下爬出，爬上树干蜕最后一次皮而变为成虫。夏秋之际，在树干或枝条上很容易采到蝉蜕，去掉泥土杂质，晒干即可。蝉蜕无味而性微寒，具疏风热、透疹、明目退翳、息风止痉等功效，其头足解热作用明显，胸腹部止痉效果最强。也可用于外感风热、头痛、小儿惊哭夜啼等症。

3.茴香虫

茴香虫是金凤蝶的幼虫，金凤蝶属鳞翅目凤蝶科，完全变态。金凤蝶广布于全国各地，春、秋两季捕捉其幼虫以酒醉死，焙干研成粉，功效在于温中散寒，理气止痛。可治胃病、小肠气等。

昆虫是天气预报员

在昆虫界生活着这样一群可爱的小虫子，它们有的当护卫，有的当哨兵，有的保护庄稼，有的抓捕害虫，而其中有一种昆虫称为“气象哨兵”，它们可以对气候的变化进行准确预报。我们现在所熟知的气象台其实比昆虫预报气象晚得多，我国古代的一些诗书可以为证。殷代甲骨文的“夏”字，就是一个以蝉的形象为依据的象形字。由此可见，人们早就把蝉和夏季联系在一起了，一旦蝉开始鸣叫就表示天气要变热了。我们的祖先在农历中把全年分为24个节气，其中“惊蛰”是在农历2月间。古人经过对昆虫的长期观测，知道了“惊蛰”这个时候，代表冬天已过，昆虫要苏醒开始活动了。

古代人把昆虫的活动与季节和月份联系起来，从而总结出以候虫记时的规律。比如《诗经》中的《豳风经·七月》记载“五月斯螽动股，六月莎鸡振羽，七月在野，八月在宇，九月在户，十月蟋蟀入我床下。”通常，有经验的人，可以根据某些昆虫的活动情况或鸣声，来预测短期内的天气变化及时令。比如，众多蜻蜓低飞捕食，预示几小时后将有大雨或暴雨降临。其原因是降雨之前气压低，一些小虫子飞得低，蜻蜓为了捕食小虫，飞得也低。

蚂蚁对气候的变化也特别敏感，它们能预感到未来几天内的天气变化。据说气象部门根据各种不同蚂蚁的活动情况，将天气分为几种不同类型，用来预测未来几日的天气情况。当小黑蚂蚁外出寻找食物，巢门不封口时，预示着24小时之内天气良好；当各种蚂蚁到了下午5点依然不回巢，黄蚂蚁含土筑坝，围着巢门口，估计四五天后有连续4天以上阴雨；出现大黑蚂蚁筑坝、迁居、封巢等现象，小黑蚂蚁连续4天筑坝，预示未来将有一次冷空气到来；出现大黑蚂蚁间断性筑坝3天以上，并有爬树、爬竹现象，黄蚂蚁含土筑坝，同时气象预报有升温、升湿、降压等现象，预计未来48小时有一场大雨或暴雨；大黑蚂蚁从树上搬迁到阴湿地方，并将未孵化的卵一起搬走，预示未来有较长时间干旱。当然，用蚂蚁预测天气，仍需参考当地气象资料，才能达到准确程度。

那些保卫庄稼的护卫队

在有趣的昆虫界，还生活着一群人类的好朋友，它们就是保卫庄稼的护卫队。

1.瓢虫

瓢虫俗称“花大姐”，我们经常可以在街道草坪里，在房前屋后的树木上见到它们。你看它身披盔甲，色泽鲜艳，斑纹多彩，体呈半球形，个头小巧。瓢虫是肉食性昆虫，主要捕食蚜虫、蚧壳虫等小型昆虫，被誉为植物界最忠诚的铁甲卫士。

这里有一个关于它的故事，据说在19世纪中后期，美国加利福尼亚州的柑桔树上长满了吹绵蚧壳虫，几乎摧毁了所有的桔园，不管用什么药都无济于事。后来，美国人突然想到生长在澳大利亚的吹绵蚧壳虫为什么没有蔓延呢？于是，他们在1886年通过实地考察找到了其中的奥秘，原来有一种专门消灭吹绵蚧壳虫的昆虫，就是瓢虫。这种瓢虫因为原产澳大利亚，人们就叫它澳洲瓢虫。澳洲瓢虫为什么能消灭吹绵蚧壳虫呢？只要研究一下它的生殖和捕食蚧壳虫的能力，就一目了然了。

从此之后，瓢虫在昆虫界声名大噪，被应用于多种作物害虫的生物防治。新西兰、法国以及中国纷纷效仿，都从美国引进这种瓢虫，达到了相同的效果。

全世界已记录的瓢虫有5000多种，其中4/5都是肉食性的，可以捕食多

种害虫，蚜虫、蚧壳虫、粉虱、叶螨和其他小型节肢动物等都是它的口中食。中国已记载的瓢虫有650多种，目前我国利用七星瓢虫防治棉蚜已取得显著效果。据观察，七星瓢虫的幼虫每天的食蚜量为1龄11头、2龄38头、3龄61头、4龄124头，成虫平均每天能吃100头左右的棉蚜。

其实，瓢虫还可以有效防治蚜虫。上海昆虫研究所就曾进行过应用龟纹瓢虫防治温室蔬菜蚜虫的实验。他们每周都会把数百只瓢虫成虫放进生产茄子的塑料大棚里，长时间有效控制了蚜虫的增长。后来，研究人员在现代化自控温室内做了一样的试验，发现即使蚜虫密度很低，瓢虫的成虫也会快速产卵繁殖，在温室内完成发育，为生物防治展现了良好的前景。

2.蚜狮

草蛉幼虫也捕食蚜虫，它们抓捕食物时动作非常快，而且食量比较大，所以又被誉为蚜狮。鲜为人知的是，草蛉的卵长得非常奇怪，卵着生在一个长柄上。为什么会这样呢？一般来说，草蛉在产卵时，总是由产卵器排出胶状物质与叶片接触，之后一边排一边抬起腹端部，拉出一根丝，遇到空气之后变硬，这时丝端产下一粒卵与丝相互粘住，这样就将卵高高举起来。这是因为草蛉成虫和幼虫都是捕食性，以捕蚜虫等为食，草蛉为儿女出世后捕食方便，通常将卵产在蚜虫多的植株上。蚜虫多的植株上蚂蚁也多，蚂蚁要食蚜虫的排泄物蜜露，所以，草蛉为避免蚜虫的天敌和蚂蚁将卵吃掉，便将卵高举而起到保护的目的。

世界已知草蛉12000多种，我国常见的有大草蛉、中华草蛉等。各地已开始人工饲养，并将其应用在蚜虫的生物防治上。

3.螳螂

你可能没见过螳螂捕捉蝗虫的真实场景。法国昆虫学家法布尔曾对这一场景做出这样的描述：当螳螂看见一只灰色的大蝗虫时，立即就摆出攻击的姿势，把翅膀打开，倾斜伸向两边，后翅直接立起来，好像船帆一样，身体的上端略微弯曲，像一个曲柄，同时发出毒蛇喷气的声音。然后把整个身体的力量放在后面四只脚上，身体前部全部立起来，一动不动，眼睛死死地盯住蝗虫。一旦蝗虫开始移动，螳螂就马上转动头，一动不动地盯住蝗虫。螳螂的战术非常明显，它盯着蝗虫就是希望对方害怕，把恐惧的心理传递给对方，在尚未攻击之前，就让蝗虫因恐惧而瘫痪。

螳螂对蝗虫造成的恐惧不是一点点，即便蝗虫曾经还是昆虫世界中的跳高跳远冠军，在螳螂的攻击之下，它竟然忘记了逃走，只能愣愣地待着，甚至因害怕不敢移动。果然，只要蝗虫移动，螳螂就伸出爪子给予重击，两条锯子重重地压下来，这时蝗虫再抵抗也没用了，最终成为它的猎物。

古谚云："螳螂捕蝉，黄雀在后"，道出了自然界中生物间相互依存的食物链关系。螳螂这种昆虫，可以说是对人类有益的虫子，是需要保护的益虫。不过，螳螂的性格并不温和，由于喜欢吃肉，所以显得比较凶猛。平时我们总说"螳臂当车"，虽然螳螂的胳臂不能挡车，不过它的前臂粗壮并带有利齿，且动作迅速，平时不仅能抓住蝉，还敢向能飞善蹦的大蝗虫进攻，堪称勇猛的小战士。

我国明代医药家李时珍在《本草纲目》中描述"螳螂，骧首奋臂，修颈大腹，二手四足，善缘而捷，以须代鼻，喜食人发"。螳螂的种类不同，形态也不同。在体形构造和体色方面都具有拟态性。螳螂翅像一片绿叶，身体呈绿色，和周围的多数植物色泽一致，可隐蔽自己，迷惑猎物而进行捕捉。

昆虫飞行对飞机的启示

你可别小看个头小小的昆虫，它们在我们生活的方方面面都发挥着作用，比如昆虫飞行对飞机的启示。众所周知，在空气动力学中，有一种物理现象叫做“颤振”，这是飞行中的一种有害的振动。当飞机飞得太快的时候，机翼就会出现“颤振”现象，严重时甚至会机毁人亡。

其实，飞行在空中的昆虫也会出现这样的问题，而且它们早已解决这个问题。比如蜻蜓，它们的翅膀末端的前缘有一块深色加厚的色素斑，好像一块黑痣，这就是蜻蜓用来克服飞行时产生“颤振”的装置。假如我们将蜻蜓的翅膀末端的黑痣切除后再让它飞行，就会看到蜻蜓在空中飞得摇摇晃晃，没有之前那样平稳了。当科学家发现蜻蜓这个秘密之后，就转而应用在飞机之上，将飞机两翼末端的前缘，制成一块加厚区，或者加上“配重”装置，这样就消除了有害的“颤振”现象。

大部分会飞行的昆虫翅膀比较单薄，比如蜻蜓的翅膀薄得像苇膜儿，长度只有0.51厘米，面积只有4.6平方厘米，重量只有0.005克。如此单薄的翅膀，却有足够的强度和刚度，它每秒可以扇动16～40次，使飞行速度达到每秒18～20米。真是超轻结构飞行的奇迹！这完全值得科学家们专心研究。

昆虫的复眼是由千万个小眼组成的，由于小眼之间的相互抑制，使眼具有突出影像的边框、增大清晰度的功能。人们仿效苍蝇复眼中小眼的蜂窝型结构制成了用于科研的“蝇眼照相机”，一次就能拍摄1329张照片，其分辨率达4000条线。

尤其在科技现代化的当下，需要逐步提高人类的航空技术，而昆虫的飞行特性对于我们会有很大的启发。比如，会飞的蜜蜂、苍蝇等昆虫，它们会巧妙地飞行，可以向上飞，可以垂直下降，可以定悬空中，也可以突然侧飞或者回头飞行，其灵活程度是目前任何飞机都做不到的。蝴蝶和蛾子在飞行时还能在翅膀表面产生一种波来增加推力和升力，或者促使身体绕着一根轴线翻转。很显然，研究昆虫飞行的这些特点，弄清它们的原理，对于改进人类的航空技术是很有帮助的。

萤火虫与日光灯

每到夏天傍晚的时候，我们经常会在山涧或草丛里看见一盏盏闪亮的小灯笼，远远看起来就像小星星一样，又好像是小朋友提着灯笼在夜游。如果我们走上前，仔细观察，就会发现这不过是一只只小小的萤火虫，由于它们的腹部末端能发出点点荧光，人们给它起了个形象的名字——萤火虫。

一只小小的昆虫竟然会发光，这到底是怎么回事呢？今天我们就揭开萤火虫发光的秘密。

萤火虫在昆虫大家族中属于鞘翅目，萤科。世界已知它们的远房或近亲约有2100种，我国已记载76种。一般萤火虫体长不足1厘米，最大的长达1.7厘米以上。萤火虫是一种神奇而又美丽的昆虫。修长略扁的身体上带有蓝绿色光泽，前胸背板较平阔，常盖住头部，头上一对带有小齿的触角分为11个小节。三对纤细、善于爬行的足。雄萤火虫翅鞘发达，后翅像把扇面，平时折叠在前翅下，只有飞行时才伸展开；雌萤火虫翅短或无翅。有的类群有群居性，需要说明的是，并非萤科的所有种类都能发光。萤火虫的一生，经过卵、幼虫、蛹、成虫四个完全不同的虫态，属完全变态类昆虫。

萤火虫喜欢生活在潮湿、多水、杂草丛生的地方，特别是溪水、河流两岸，我国曾有一句古语叫“腐草为萤”，反映的就是这种习性。萤火虫的成虫不进食，只吸一点露水。雌虫比雄虫羽化要晚1周多，然后它们闪着萤光，寻找配偶。当雄虫发现闪光后即飞来与之交尾。交尾后的雌虫通常把卵产在紧靠水面而又荫蔽的灌木、杂草或岩石上。一只雌虫一生可产上千粒卵，但奇怪的是它把这些卵分别产在5～6个不同的地方，这也许是为了更有效地保护后代吧。

如果你有幸在一个凉爽的夜晚捉住了一只萤火虫，仔细观察，就会知道萤火虫为什么会发光。萤火虫的发光器官，大约在腹部。我们就这样用肉眼观察，可以看到萤火虫腹部有一层银灰色的透明薄膜，假如把这层薄膜拿下来用放大镜认真观察，就可以看到有数不清的发光细胞，再下面就是反光层，在发光细胞周围密布着小气管和密密麻麻的纤细神经分支。发光细胞里面的主要物质是荧光素和荧光酶。

当一只萤火虫在夜间活动时，其呼吸加速之后，身体会吸入大量氧气，氧气通过小气管进入发光细胞，荧光素在细胞内与起着催化剂作用的荧光酶相互作用，荧光素就会活化，产生生物氧化反应，从而让萤火虫的腹下发出一闪一闪的光来。随着萤火虫不一样的呼吸节奏，便形成了忽明忽暗的“闪光信号”。

不过，让人们觉得好奇的是，萤火虫体内的荧光素难道是源源不断的吗？在夏天一个个漫长的夜晚，萤火虫总能不断发光，其能量又是从何而来呢？

经科学家们研究，原来萤火虫发光的能量就是三磷酸腺苷，这是所有生物体内供应能源的物质。一旦萤火虫体内有了这种能源，不仅可以不停地发光，而且能保持较强的亮度。当然，萤火虫发光还需要脑神经系统的调节支配。如果做个试验，将萤火虫的头部切除，那么发光的机制也会慢慢失去效果。

萤火虫发出的光，称为冷光，那是因为其光源来自体内的化学物质，所以发出的光虽然亮但没有热量。而且，萤火虫的发光效率十分高，几乎可以将化学物质全部转化为可见光，这为现代电光源效率的几倍到几十倍。

生活中，一般东西发光的同时也会发热，比如点着了的蜡烛，灯开久了之后会发烫，但萤火虫的光不带辐射热，物理学家们认为这是十分理想的灯光。人们不希望灯光发热，如果能像萤火虫一样制造出不发热的光来，那将是非常理想的。三十多年前，人们模拟了萤火虫发光的原理创造出日光灯，基本上达到了这种要求。

你相信昆虫可以破案吗

我们在刑侦电视剧中，总会看到这样一幕，尸体上到处是爬行或飞舞的昆虫，看到这一幕，任谁都会毛骨悚然。其实，谁会想到，恰恰是这种小小的昆虫反而会成为破案的关键。而这些擅长破案觅凶的昆虫还促成了一门学科，即法医昆虫学。

1.小昆虫侦破大案件

自古以来，利用法医昆虫侦破的案子简直不胜枚举。1984年，美国加利福尼亚州发生一起谋杀案，警察难以判断死者明确的被害时间。当时，尸体上出现许多丽蝇卵。法医通过昆虫特性，确定被害人是在气温20℃以上的温暖天气被害的，因为丽蝇只有在气温高于20℃时才产卵。再核查气象部门的报告，发现被害人失踪的第一天气温正好高于20℃，从而推断出女生失踪当天即被害，随着案情真相大白，凶犯难逃法网。这起案例当时不仅引起了昆虫学界的关注，也震动了司法当局。

从此，法医昆虫被美国司法部确立为判断人体死亡时间的有效工具之一。这小小昆虫被誉为“破案”小英雄，真是名不虚传。

2.法医昆虫“破案”的秘密

丽蝇又叫绿头苍蝇，生活在尸体及粪便中，大家对它们都非常讨厌。但恰恰是这些昆虫成为破案高手。那些在人尸体上出现的昆虫，按其生活

习性可分为尸食性、腐食性、食皮性、食角质性等几大类，另外还有一些昆虫种类虽与尸体无直接关系，却是这些法医昆虫的捕食者或寄生者。通过这些种类各异的法医昆虫的“亮相”，来判断死亡时间或是否有异地移尸等，是破案的重要突破口。

3.那些会破案的“昆虫警察”

在尸体腐烂过程中，侵入并在尸体上生活的昆虫主要有丽蝇、麻蝇。此外，阎甲科、皮蠹科、埋葬虫科之类的昆虫是尸体的主要取食和破坏者，属尸食性；金龟子科和拟步甲科之类的昆虫，是典型的粪食性或腐食性的种类；步甲科和隐翅虫科之类的昆虫，兼有捕食和食腐肉两种取食特性，它们既取食尸体，又捕食尸体上的其他昆虫，尤其是捕食双翅目幼虫；有一些属偶然的闯入者，如象甲科和虎甲科的种类。还有一些杂食性的昆虫，如蚂蚁、胡蜂等。另外还有一些食尸的其他小动物，如蜘蛛、百足虫等。后来一些学者根据自己的研究结果，对此有所归并。近几年来，我国学者研究认为，尸体腐烂过程划分为侵入期、分解期和残余期3个阶段较合适，并提出了各阶段不同昆虫的类群。也使它们成为“破案”的重要角色。

法医昆虫学近年来在国际上有了很大发展，已逐步成为一门成熟的学科。当代许多高新技术也被应用于此学科，特别是昆虫的分类学、生物学、生态学、发育、生理生化、分子遗传及计算机分析等方面的技术。因此，法医昆虫将会在案件侦破中更显示其神威了。

谁是大自然的清洁工

当人们漫步在乡间小道上，有时可以看到那些在地面滚动的粪球。如果仔细观察，就会发现原来是两只昆虫在搬运东西，那就是它们用来吃的粮食。不过，这些昆虫的行为非常奇怪，一只昆虫在前面拉，另一只昆虫在后面推，而经过这样前后配合，粪球就朝着前方慢慢滚动。其实，这是一对夫妻，一般来说，雌虫在前面拉，雄虫在后面推，配合得非常默契，而滚粪球的动作也是非常有趣。这种小巧而又滑稽的昆虫，就是我们经常所说的蜣螂或屎壳郎，当然，还有人称它们为粪金龟或牛屎鬼。

地球上有各种形形色色的昆虫，它们所食的物品也是多种多样，其中腐食性昆虫占昆虫总种数的17.3 %，蜣螂就是其中的一种。这是一个巨大的昆虫类群，平时喜欢吃生物的尸体和粪便，它们会把尸体埋入土中，是地球上闻名的“清洁工”。这些昆虫的活动，大大加速了微生物对生物残骸的分解，在大自然的能量循环中发挥着十分积极的作用。难以想象，如果没有这些清洁工，世界会变成什么样。

蜣螂身体是黑色或黑褐色，属于大中型昆虫。它们的前足称为开掘足，后足靠近腹部末端，离中足有点远，后足胫节还有一个端距。触角呈现鳃叶状，锤状部分多毛，小盾片几乎看不见，而鞘翅将腹部气门全部遮盖住。蜣螂白天的工作就是推粪球，晚上也出来走走。

蜣螂推粪球看起来是一个奇怪的现象，它们常常把一大堆的牛粪滚成小圆球，然后雌雄搭配推着粪球回到之前挖好的洞穴中储存起来，慢慢食

用。之所以把牛粪做成圆的，是因为这样在地面滚动省时省力，运回洞穴也非常容易。在这之后，雌蜣螂把卵产在粪球里，等到小蜣螂出生后就有食物吃了，可谓是一举两得。足以看出来，蜣螂对子女还是极为宠爱的，它们宁愿自己辛苦把粪球慢慢存起来，也不希望子女出生后再为寻找食物而四处奔波。

不过，在蜣螂类群中，还有一些“懒汉”和“无赖”。这些懒惰的蜣螂不好好劳动，经常伺机在路途中抢夺那些正在滚动的粪球，把这些粪球占为己有，这时双方就会展开一场殊死搏斗。假如懒惰的蜣螂非常凶猛，那么它们不仅会抢走粪球，还会把人家妻子也掠夺了，所以这些无赖是相当可恶的。

关于蜣螂推粪球的事情，还流传着一个故事：澳大利亚堪称世界养牛大国，于是造成许多牛粪堆积起来，不仅破坏了环境，还会滋生细菌以及传染病。不过，澳大利亚当地的蜣螂只会清除袋鼠的粪便。于是，澳大利亚派出专家到其他国家寻找可以清除牛粪的蜣螂。1979年，澳大利亚科学家向中国求助，于是从我国引入了蜣螂。等蜣螂到了澳大利亚，就马上投入战斗，清除了大量的牛粪，战功显赫，为澳大利亚环境做出了突出贡献。

蜣螂推粪球的行为，使得它们被誉为“大自然的清道夫”。如此说来，蜣螂是益虫，为人类清除了许多垃圾，是人类的好朋友。

第03章
那些千奇百怪的甲虫

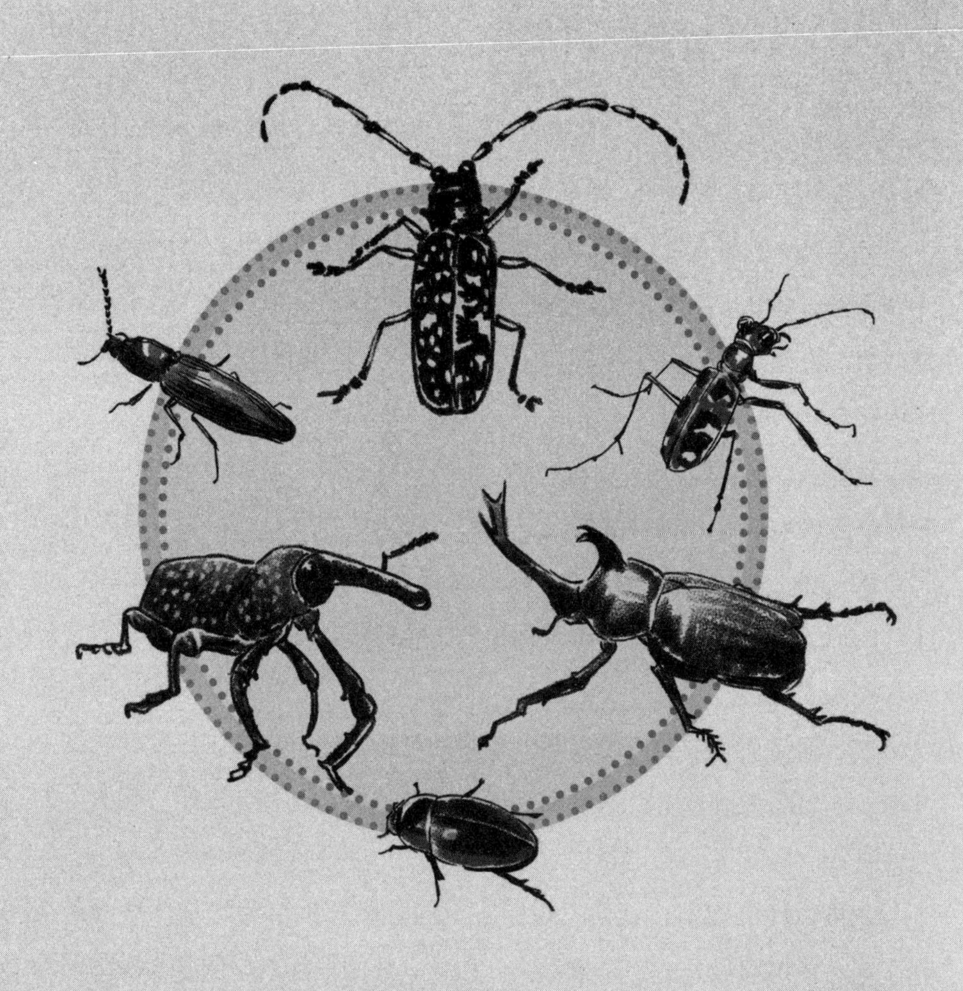

非常有礼貌的“叩头虫”

在生物界有一种非常有礼貌的昆虫，因为只要捉住它，它就会在人们的手里不停地叩头，所以，人们送它一个形象的绰号——叩头虫。叩头虫体型为中小型，头非常小，身体狭长，末端看起来尖削，略微扁形。身体呈现灰、褐、棕等暗色系，体表被细毛或鳞片状毛，构成不一样的花斑或条纹。有些较为大型的叩头虫体色比较鲜艳，还有一定的光泽度。

叩头虫小时候身体细长，颜色金黄，又被称为金针虫、铁线虫。它们平时总是生活在地下土壤里，啃咬那些播下的种子、植物根和块茎，是典型的地下害虫。目前，世界上已经记载的叩头虫已经超过了1万种，我国已知的约有600种。

有些人经常在野外看见叩头虫，喜欢与之玩耍，只要用拇指和食指轻轻抓住它的后腹部和鞘翅端部，然后把它的头部转向自己。这时就会出现神奇的一幕，叩头虫弯下前胸，然后又突然抬起来，还不停地发出“咔咔”的声音，就这样反复弯下去抬起来，就好像在叩头一样。你以为它在向你叩头求饶吗？其实并不是这样，叩头虫之所以这样做，并非真的在磕头求饶，而是在想办法挣脱逃走。狡猾的它正在进行自救，只要你稍微不注意，它就会弹跳逃走。而且叩头还有其他意义，比如会以叩“响头”的方式进行信息传递，吸引异性。

如果你仔细观察，就会发现叩头虫的前胸背板与鞘翅基部有一条沟槽，而在前胸腹板处有一个楔形突向后伸，还刚好插入中间胸腹板的凹沟

内，如此一来就形成了弹跃的构造。假如我们把叩头虫背朝下放在平面上，这样它就属于仰卧了，这时它就会先把胸挺起来，然后弯背，头和前胸向后仰，后胸和腹部朝下弯曲，如此就能让叩头虫的身体中间离开平面形成弓形，再依靠肌肉的强行收缩，前胸靠着中胸收拢，胸部背面撞击平面，身体凭借平面的反冲力而弹起，从而翻过身来。它的弹起高度可达30多厘米。

其实，当我们看体育比赛的时候，就能发现叩头虫的动作是多么熟练了，那优美的翻身动作，与体操的“前滚翻”和“仰卧跃起”的表演非常相似。如果饲养一只叩头虫，在饲养盒里放一点水果，它们的存活时间会比较长一些。假如你捉到了雄虫，不如把它们放在一起，说不定还能欣赏到一场精彩的打斗大戏呢。

 英姿勃发的独角仙

独角仙，又称双叉犀金龟，体大而威武。不包括头上的特角，其体长达3.5～6厘米，体宽1.8～3.8厘米，呈长椭圆形，脊面十分隆拱。体栗褐到深棕褐色，头部较小，触角有10节。独角仙既可以是益虫，又可以是害虫，适当的数量基本不会对作物林木造成危害，若成虫数量过多，便会对树木造成严重的侵害。

独角仙一年繁殖1代，成虫通常在每年6～8月大量出现，多为夜出昼伏，有一定趋光性，主要以树木伤口处的汁液或熟透的水果为食。幼虫以朽木、腐烂植物为食，所以多栖居于树木的朽心、锯末木屑堆、肥料堆和垃圾堆，乃至草房的屋顶间，不危害作物和林木。幼虫期共脱皮2次，历3龄，成熟幼虫体躯甚大，乳白色，如同鸡蛋大小，通常弯曲呈“C”形。老

熟幼虫在土中化蛹。

独角仙广布于我国的吉林、辽宁、河北、山东、河南、四川等地；国外有朝鲜，日本的分布记载。在林业发达、树木茂盛的地区尤为常见。

独角仙除可作观赏外，还可入药疗疾。入药者为其雄虫，夏季捕捉，用开水烫死后晾干或烘干备用。中药名独角螂虫，有镇惊、破瘀止痛、攻毒及通便等功能。1976年有研究者从独角仙中提取到独角仙素，其具有一定的抗癌作用。独角仙资源丰富，值得做深入的探索研究。

 “温婉淑女”吉丁虫

“窈窕淑女，君子好逑”，古人的诗句道出了人们对美好事物的追求与向往。淑女似的吉丁虫自然也受到人们的青睐。人们总认为蝴蝶是最美丽的昆虫，但是当你认识了吉丁虫之后，可能会觉得吉丁虫独树一帜，别有韵味。

吉丁虫科的种类很多，全世界约有13000种，我国已知有450多种。各种体型差异较大，小的不足1厘米，大的超过8厘米，大多数色彩绚丽异常，似娇艳迷人的淑女。触角锯齿状，11节。前胸腹板发达，端部伸达中足基节间。体形与叩头虫相似，但前胸与鞘翅相接处不凹下，前胸与中胸密接而无跃起构造。

当然，很多人不知道的是，吉丁虫的幼虫长得非常丑陋，而且专门蛀食树心，使之枯萎死亡，是果树、林木的重要害虫。尽管这样，其幼虫却是一味中药材，能治疗疾病，将功补过。

吉丁虫成虫喜欢阳光，白天活动，在树干的向阳部分容易发现，它们的飞翔能力极强，飞得高且远，所以不易捕捉，但当它们栖息在树干上时，却很少爬动，这便是捕捉的好时机。

水域生长的水龟虫

水龟虫属于鞘翅目，水龟虫科，又称为牙甲科，世界已知约2000种。

水龟虫外形长得像龙虱，和龙虱生活在同一水域生态系统中，体型呈流线型，背腹面拱起，但体背比龙虱更凸出一些，体色比龙虱更深一些，腹面较平，其中多数种类的胸部腹面有一个粗而直的针刺，贴在胸部腹面向后伸着，下颚须长，与触角等长或更长。

水龟虫触角6～9节，端部3～4节略膨大，在触角的一侧有一条浅槽，由拒水性毛将其覆盖，从而形成一条管道，呼吸时游向水面，将头露出，空气从触角一侧的管道进入，贮藏在腹面密集而不会被水沾湿的短毛上。此时在毛上可以形成一个很大的空气层，腹面因密集水泡而变成银白色。水龟虫在水下靠鞘翅和腹板的运动将气泡中的空气吸入鞘翅下面的贮气腔和气管内。它们在水中的换气也是靠触角进行的。这种硬壳虫善于在水中

物体上爬行，当它们游向水面时，经常在水面上打转。

水龟虫成虫一般为植食性，幼虫为腐食性或肉食性，捕食蝌蚪和小鱼等，有些种类有危害水稻的记载。

象鼻虫和松大象鼻虫一样吗

看到象鼻虫头部前伸的长管，你可能会想到大象的鼻子。不过，你千万别把象鼻虫头部的长管当成鼻子。这个长管是它的口器，也是象鼻虫的主要识别特征。它的另一个特点是触角生在口吻上，这在其他昆虫中很少见，此外，它那管状头部能左右转动，非常灵活，犹如建筑工地上经常见到的大吊车，非常有趣。

象鼻虫又称象甲，其成虫体态特殊，它们的口器延长成象鼻状突出，称作头管。有些种类的头管几乎与身体一样长，十分奇特。因其头管形如大象的鼻子，故人们称它为象鼻虫。象鼻虫在鞘翅目昆虫中是最大的一科，也是昆虫王国中种类最多的一类，全世界已知种类多达6万多种，我国也已记载约2000种；它们个体差异甚大，小的仅0.1厘米，大的可达6厘米。

象鼻虫会危害花木果树。幼虫体肥而弯曲成“C”字形，头部特别发达，能钻入植物的根、茎、叶或谷粒、豆类中蛀食，是经济作物的大害虫。象鼻虫不会咬人，也没有异味，故那些大型的象鼻虫常被人们捉来饲养。

松象虫本种又叫松大象鼻虫、松树皮象。身体和鞘翅均为深褐色，胸背面不规则地布满圆形大小不等的刻点。松象虫多生活在小兴安岭林区，两年繁殖一代，以成虫及幼虫两虫态越冬。松象虫的为害时期是成虫，它们在梢头下咬食树干的韧皮部，造成块状疤痕，并使树干流出大量的松脂来。如疤痕很多，将树干围成一环时，梢头就会枯死。受松象虫危害的幼树，一般是主干枯死，几条侧枝同时向上生长，村冠大而高度不够，使干材生长不良，失去经济利用价值。受害严重者甚至全株枯死。

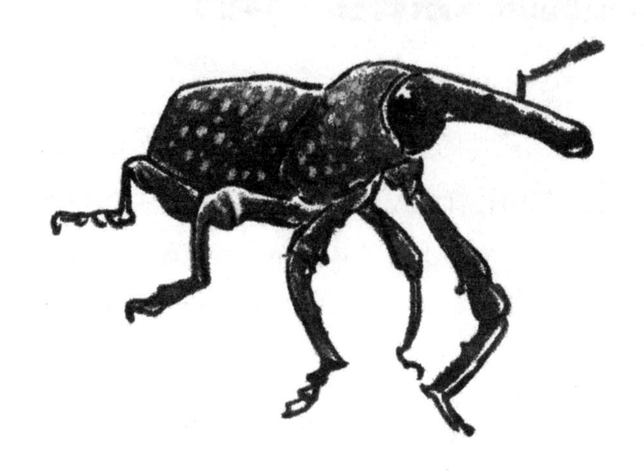

“嘎吱嘎吱”的天牛

天牛是人们熟知的一类昆虫。很多人在童年时期，曾经捕捉到或观察到天牛，对它们产生兴趣。天牛的有趣处在于，当你抓住它时，天牛会发出“嘎吱嘎吱”的声响，企图挣脱逃命。如若在其腿上缚一根细线，任其飞翔，还能听到“嘤嘤”之声呢。天牛的玩法很多，如天牛赛跑、天牛拉车、天牛钓鱼、天牛赛叫等。就拿“天牛钓鱼”游戏来说，先准备一盆水，置一鱼形小片，穿孔系线，另一头系在天牛角上，线长适度，将天牛置于另一小木条上，浮于水面，天牛四周环水，局促不安，频频挥动触角，形同钓鱼，“鱼”若离水，则钓“鱼”成功。或者两虫比赛，以先钓起者为胜，十分有趣。当然在玩的时候，当心别被天牛强壮的上颚咬到手。

在很早的时候，我国劳动人民就知道天牛是蛀食树木的害虫。李时珍在《本草纲目》内说：“天牛处处有之……乃诸树蠹所化也。”这两句话充分地显示出人们对天牛存在的普遍性和危害性的认识。

天牛对植物的危害以幼虫期最甚，成虫虽然由于产卵及取食枝叶，有时也能引起或多或少的损害，但一般并不严重。而天牛的幼虫生活在树干里，将树干蛀空，使树木容易折断，所以人们叫它“锯树郎”。树木内部若遭受了幼虫的蛀蚀钻坑，常常不能正常生长，产量降低，树势削弱，寿命缩短；在受害严重时，树株甚至会迅速枯萎与死亡。被蛀蚀的树木常易受到其他害虫及病菌的侵入，并易被大风吹折。木材受蛀害后，必然会降低质量，甚至失去它们的工艺价值和商品意义。草本植物的茎根等部位遭受了幼虫蛀害，也同样会引起作物的减产、枯萎或死亡。文献上多处记载，某种天牛的成虫和幼虫甚至还能侵害金属物质，如铅皮、铅丝等。

天牛一年繁殖一代，或两年繁殖一代。以幼虫或卵越冬。来年四月份气温回升到10℃以上时，越冬幼虫就开始活动为害。

那么如何防治天牛呢？可在成虫盛发期捕捉成虫，也可用农药喷洒和堵蛀孔。保护和利用天牛的天敌也是一种有效的控制方法。啄木鸟是天牛的主要天敌，可以积极保护和招引。一般在500亩林地中有一对啄木鸟，就可以抑制天牛的繁殖。

全副武装的锹甲和五颜六色的金龟子

锹甲是鳃角类甲虫中一个独特类群，又以其触角肘状，上颚（牙齿）发达，多呈似鹿角状而区别于其他各科。锹甲强大的上颚是作战的武器，真可谓武装了牙齿。锹甲体型为中型至特大型，多大型种类；长椭圆形或卵圆形，背腹相当扁圆。体色多棕褐、黑褐至黑色，或有棕红、黄褐色等色斑，有些种类有金属光泽，通常体表不被毛。头前口式，性二态现象十分显著，雄虫头部大，接近前胸之大小，上颚异常发达，同种雄性个体因发育程度不同，其大小、简复差异甚显著，唇基形式多样。成虫食叶、食液、食蜜，幼虫为腐食性，栖食于树桩及其根部。成虫多夜出活动，有趋光性，也有白天活动的种类。全球已记载有近800种，我国约记载150种。由于其体型大、形状奇特而为大众喜爱和收藏，甚至作为宠物饲养。

金龟总科是鞘翅目中一个大而独特的类群，通称鳃角类，以其触角端部3～8节向前侧延伸呈梢状或鳃片状而易于认别，借此界定其类群范畴，此类昆虫一般统称金龟子。金龟子头部通常较小，多为前口式，后部伸入前胸背板，口器发达，尤其是上颚多发达壮实。前翅为鞘翅，后翅发达善于飞行，少数属种后翅退化，飞行能力丧失而只能爬行。有些类群的金龟子有明显性二态现象，其雄虫头面、前胸背板上有各式角突或突起，或触角鳃片部节数多于雌虫等。

金龟子幼虫常弯曲呈“C”形，称为蛴螬，体柔软呈乳白色，有胸足3对，无尾突，气门为筛形，全发育过程有3龄，土栖，取食植物的根或土中有机质，或以动物粪便、腐朽木质、腐尸或真菌、动物碎屑为生。

昆虫世界里的“拦路虎”

在昆虫界，还有诸如“拦路虎”这样的昆虫。当人们走在街道上，经常看见有昆虫在前面三五米左右，一旦人们朝它走近时，昆虫便低飞后退，依然是头朝向行人，好像在跟人们玩耍一样。不管人们走在哪里，它们总是拦在路的前方，所以称为“拦路虎”，也就是虎甲。

世界已知的虎甲约2000种，我国有100余种，常见的有中华虎甲等。虎甲身体是金绿色、赤铜色或灰色，有黄色的斑纹。头部比较宽大，复眼突出，3对胸足较细长，行动快速而灵活。虎甲喜欢食肉，常常在山区道路或沙地上活动，或是低飞抓捕小虫，或是在路边安静地休憩。

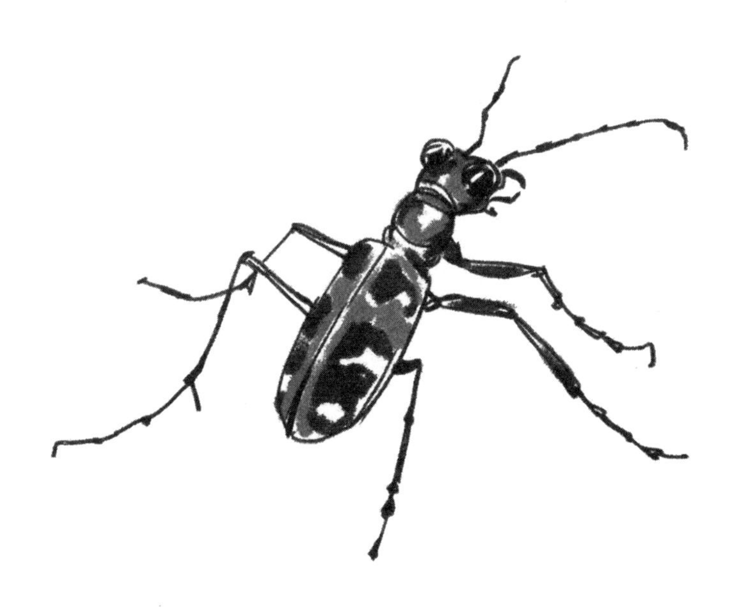

虎甲为完全变态，能用上颚和足在地下挖洞，夜间或阴雨天钻入洞穴，白天多在洞外活动，寻找猎物。虎甲交尾在洞外草丛中进行，产卵在洞穴中。卵孵化后的幼虫独居于洞穴中，依靠自身捕食生活，整个幼年时代不离洞穴。当幼年时代即将过完时，它们便在洞底旁边再挖一个斜洞，做个蛹室而化蛹，直到羽化为成虫，钻出洞外活动。

虎甲也属于“虫大十八变”类的昆虫，虽然成虫比较漂亮，但是幼虫却非常丑陋。虎甲的幼虫也叫骆驼虫，骆驼虫头部很大，胸部呈驼状，腹部弯曲，看起来就像骆驼形状，全身长毛，第五腹节背面隆起，并长有逆钩一对。骆驼虫在甲虫挖好的洞穴中生活，洞穴深度有33厘米左右，洞口0.5厘米左右。骆驼虫捕食堪称“守株待兔”，它们平时进入洞穴，抓捕食物时就爬出洞口，用背上的逆钩固定身体，一对上颚露出洞外，只要看见小虫爬过洞口，它们就突然袭击，把小虫捉住带进洞穴。当然，这种方式不会捕捉到很多小虫子，有时也会空手而归不得不挨饿，但是只要抓到小虫，它们就可以吃一顿大餐。

当然，骆驼虫也有自己的小聪明，它们知道光靠等是抓不到很多食物的，它们还需要想办法引诱更多的虫子来。这时它们就会轻轻摆动露在洞口的上颚和触角，看起来就像是小草在摆动，很快，小虫子就上钩了。虽然这种方法可以让它们抓到食物，不过也会不时暴露自己，引来天敌。骆驼虫也有一套保卫自身的方法。当它们遇到敌害攻击时，便迅速蠕动弯曲的身体，依靠身上光滑的长毛，快速躲进洞内。若被敌害拖住外露的上颚，它们则利用腹背的逆钩，牢固地钩着洞壁，使敌害难以将它们拉出来。

成年人平日里的娱乐方式之一就是钓鱼，不仅能收获鱼虾，还可以锻炼耐性，但这对孩子们来说太危险了。那么，孩子们想钓鱼怎么办呢？骆驼虫的存在，就可以让孩子们感受下如何在陆地上钓鱼。因为骆驼虫一般隐藏在洞穴内，小朋友们可以先在草地上寻找到其洞口，然后找一个根细草秆轻轻插入小洞中，认真观察草秆的动静。一旦发现草秆轻轻摆动，马上向上拎起来，就会立刻把隐藏的骆驼虫钓起来。因为当草秆伸进洞穴的时候，骆驼虫就感觉到了攻击，于是它开始自卫，用一对上颚咬住草秆，这时只要快速将草秆拔出，就可以把骆驼虫拉出来了。

昆虫界的潜水小王子

龙虱是鞘翅目，龙虱科。世界已知约有4000种，我国记载约200种，常见的有黄缘龙虱等。

龙虱的成、幼虫都生活在静水或流水中，少数见于卤水或温泉内，它们均能捕食软体动物、昆虫、蝌蚪或小鱼。幼虫尤其贪食。成虫有趋光性，臀腺能释放苯甲酸苯酯、甾类物质，对鱼类和其他水生脊椎动物有显著毒性，可危害稻苗和麦苗。

龙虱是怎样生育繁殖后代的呢？到了性成熟期，雄龙虱便开始追赶雌龙虱，用它们前足跗节基部膨大的圆形吸盘吸附住雌龙虱光滑的鞘翅前部两侧，并爬到雌龙虱体背进行交配。由此看来，龙虱还是雌雄异型呢。雌龙虱把受精卵产在水草上，靠水的温度孵化出小幼虫。龙虱幼虫以小鱼、蝌蚪等动物为食，但它们没有明显的嘴，上颚也没有嚼碎食物的功能。它们的上颚是中空的，基部有一个分泌消化物质并连着口腔和食管的小洞，靠近尖端有一个吸取液体食物的小洞口。捕到猎物时，它们首先从食管里吐出有毒液体，通过空心的上颚，注入猎物体内，将其麻醉，同时吐出具有强烈消化功能的液体，将猎物体内物质稀释，然后吸食经过消化的物质。所以，龙虱幼虫的取食消化方式称为肠外消化。

龙虱游水的速度很快，它们的流线型躯体很像一艘快艇。两对长而扁的中后足上长着排列整齐的长毛，活像一只四桨的小游船。龙虱体小灵活，便于追逐鱼类。它们用刺吸式的口器，吸吮鱼体内的血液，任凭鱼类如何摆动，它们都能附着在鱼体上不会掉下来。有时几个龙虱同时追逐一条鱼，最后将鱼制服而死，它们便获得了一顿美餐。龙虱除捕食鱼类之外，还捕食水中其他小动物，是养鱼业的害虫。

昆虫中有很多潜水能手，龙虱就是其中杰出的一类，它们可以长时间潜入很深的塘底。即便在寒冷的冬季，它们也能在很厚的冰层下的水底长时间潜伏，不会因缺氧窒息而死。

寒冬过后，冰层融化，龙虱才结束水下越冬潜伏生活，开始自由自在地在水中游动。它的祖先原本在陆地生活，后来由于地壳的变动而演变为水生，所以它们还保留着祖辈呼吸空气的特征。在龙虱鞘翅下面有一个贮气囊，这个贮气囊有着“物理鳃”的功能，当龙虱在水中上下游动时它还起定位作用。

龙虱停在水面时，前翅轻轻抖动，把体内带有二氧化碳的废气排出，然后利用气囊的收缩压力，从空气中吸收新鲜空气。空气中氧的含量比水中多很多倍，因此水生昆虫在长期的进化演变过程中，学会了各种吸取空气的办法。龙虱依靠贮存的新鲜空气，潜入水中生活。当气囊中氧气用完时，再游出水面，重新排出废气，吸进新鲜空气。小幼虫没有贮气囊，只能靠体内气管贮存很少空气，所以在水中的潜伏时间不能太长，要经常游到水面，将腹末的气管露出水面排出废气，吸入新鲜空气。

假如你对它们感兴趣，可以在春夏季节用水网或底网从池塘、河沟或稻田采集一些活的龙虱和水龟虫，放在鱼缸内饲养，并捕些蝌蚪或小鱼供它们捕食，以便观察龙虱和水龟虫的生活习性、捕食行为以及呼吸换气等情况。这不仅可以培养你的观察能力，还能提高你对生物学和昆虫学的兴趣。不过饲养过程中要经常换水，放入一些供它们附着栖息的水生植物。

第04章

那些翩翩起舞的蝶蛾

人类与蝴蝶的故事

人类与蝴蝶的故事，可以追溯到很久以前。自古以来，那些著名的文人墨客为了赞扬蝴蝶，写下了无数的名篇佳作；画家也经常在野外画蝴蝶，把美丽的图案流传于世；甚至连普通人见到蝴蝶，都会不由得称赞一句：“啊，真美的蝴蝶。”

如果我们翻阅文学作品，就可以在先秦名著《庄子》中见到关于蝴蝶的描述。其中，“庄周梦蝶”就是最著名的一篇。庄周梦见自己变成了一只蝴蝶，“栩栩然蝴蝶也”“不知周也”。蝴蝶由于颜色美丽，深受人们的喜欢。在古代的文艺作品中，以蝶为题材的可谓是不胜枚举，如明、清时期，蝶和瓜构成的图案代表吉祥，蝶和花卉配合使画面生动而自然，成对的蝶是爱情的象征，这些都是因民间对蝴蝶的偏爱而沿袭下来的。

如果你去过北京故宫博物院，就可以看到许多关于蝴蝶的名画。比如宋代的《晴春蝶戏图》，画面中十多只彩蝶，清晰生动，色彩明艳，蝶舞秀丽。而在历代的织物、刺绣及其他工艺品中，蝴蝶的图案就更多。比如凤蝶是工艺美术品的最好材料，凤蝶标本可以制作成各种形态与花草搭配后装入玻璃罩或相框中，作为茶几上的摆设及墙壁上的装饰，在欧美市场颇受欢迎。

凤蝶在昆虫中是具有收藏价值的佼佼者，因为凤蝶多数为美丽大型的种类，其中包括很多珍稀名贵的蝴蝶，例如，翅展可达25厘米以上，世界最大的蝴蝶——亚历山大鸟翼凤蝶；翅展只有2厘米而尾突修长的燕凤蝶；

中国特有品种，收藏家竞相收藏的珍品，世界上最珍贵稀有的金斑喙凤蝶；还有从不同角度发出多彩光泽的国家一级保育类动物珠光裳凤蝶等。

蝴蝶标本作为国际贸易的商品有着悠久的历史，按其观赏类型和贸易情况可分为三大类：

1.价低量大的标本

这类标本通常是常见品种，数量很多且价格便宜，买来后将其翅膀和触角等部分加工制成各种装饰品。遗留下的虫体是高蛋白、低脂肪的营养饲料。蝴蝶工艺品（如各种贴画）可以高价出售，我国台湾省以往的蝴蝶贸易多属于这一类型。由于不良商人大量捕杀和收集蝴蝶加工外销，曾经导致台湾的蝴蝶种类锐减，引起各界人士的关注，进行了一系列的蝴蝶保护措施加以遏止。

2.价高量少的标本

这类标本通常是珍稀美丽的蝴蝶种类，一般附有科学记录，如采集地点、日期、海拔高度等，每只价格很高，用珍贵标本制成的装饰品或图画往往价值连城，是科学研究工作者及收藏家所渴望得到的标本。欧洲、北美和日本的贸易商都提出了欲收购的标本目录。

3.活虫贸易

对象大多为常见而又美丽的蝴蝶种类，主要是凤蝶类，价格中等，订购的活蛹或活成虫被迅速地从产地传送到蝴蝶生态花园的网室或棚房，棚内花香蝶舞的奇妙庭园景观可供游人观赏。例如日本的日野市多摩动物园内建有“昆虫生态园”，外观似展翅欲飞的绢蝶，里面放养着十几种近千只五彩缤纷、翩翩飞舞的蝴蝶，供游人观赏，其情境之美令人陶醉。

鳞翅目昆虫与我们的生活息息相关，有关它们的知识与趣闻也还有很多，有待我们去了解和认识。只有掌握了它们的种类与习性，我们才能充分地保护利用它们有益的一面，防治有害的一面，并尽可能化害为利，为人类造福。

优雅翩翩的蝴蝶

蝴蝶，是一种美丽而优雅的生物，一种优雅翩翩而独一无二的昆虫。与它们有关的神话传说众多，其中凄美动人的故事居多，它们翩翩飞舞的姿态总是能让人浮想联翩。

破茧成蝶的故事让我们了解到蝴蝶是由我们同样熟知的毛毛虫蜕变而来，因为蝴蝶成长过程不同，它们在各个阶段的习性也不尽相同。在幼虫时期，它们一般以植物为食物，而在结成蛹时，则把蚕蛹作为食物，也就是将自己的卵壳作为食物，有的还会将自己蜕下来的皮作为食物，而当蝴蝶长出翅膀时就有了更多的食物来源。

成为蝴蝶后，它们可以以花蜜作为食物，这也就是经常能够在花丛里发现蝴蝶的原因，这一点跟蜜蜂十分相似，不过蝴蝶并不会像蜜蜂一样产出蜂蜜。有一些蝴蝶是食肉的，它们会将小型的昆虫作为捕食对象，不过这样的蝴蝶属于少数，并不常见。

蝴蝶一般是在白天出没，它们大多潜藏在水边的叶子附近，这样的环境既利于隐藏，也利于它们平时觅食与摄入水分。蝴蝶拥有着较多天敌，很多我们所熟知的昆虫都跟它们存在着竞争关系或捕食关系，比如我们常见的蜜蜂和蜘蛛，这两个就是蝴蝶的典型天敌，一个与它们争抢食物，另一个捕杀它们作为食物。

蝴蝶和飞蛾相似，许多人分不清蝴蝶与飞蛾的区别，它们拥有着极其相似的外观，而且蝴蝶种类众多，加大了分辨难度。比较简单的辨别方式便是观察它们的翅膀，大多数蝴蝶翅膀光滑，而飞蛾的翅膀一般有一层绒毛，而且飞蛾大多数是灰色和黑色。

蝴蝶美丽的翅膀总能成为我们的设计灵感，许多图案与装饰会采用蝴蝶的样式，就比如蝴蝶结与领结，都是来源于蝴蝶的启发。而这美丽的翅膀本身对于蝴蝶还有着许多特殊意义，翅膀是它们潜藏的隐身衣，也是它们吸引异性的手段。

美凤蝶和真假难分的枯叶蛱蝶

美凤蝶是雌体多型的一个代表种，故又称多型蓝凤蝶、多型美凤蝶。有些种类的美凤蝶，其雄蝶的色彩斑纹大同小异，但雌蝶变化多端，差异极大，如有的具有尾突，有的没有尾突，更有多种不同的色彩斑纹和形态。

雄蝶体、翅为黑色。前、后翅基部色深，有天鹅绒状光泽，翅脉纹两侧呈蓝黑色。翅反面前翅中室基部呈红色，脉纹两侧呈灰白色；后翅基部有4枚不同形状的红斑，在亚外缘区有2列由蓝色鳞片组成的环形斑列，但轮廓不清楚；臀角有环形或半环红斑纹，内侧有弯月型红斑纹，无尾突。雌性无尾突型前翅基部呈黑色，中室基部呈红色，脉纹及前缘为黑褐色或黑色，脉纹两侧为灰褐色或灰黄色。后翅基半部黑色，端半部白色，以脉纹分割成长三角形斑，亚外缘区黑色，外缘波状，在臀角及其附近有长圆

形黑斑。翅反面前翅与正面相似；后翅基部有4枚不同形状的红斑，其余与正面相似。雌性有尾突型的前翅与无尾突型相似，后翅除中室端部有1枚白斑外，在翅中区各翅室都有1枚白斑，有时在前缘附近白斑消失；外缘波状，在波谷具红色或黄白色斑；臀角有长圆黑斑，周围是红色。翅反面前翅与正面相似。后翅除基部有4枚红斑外，其余与正面相似。

美凤蝶的成虫爱访花采蜜，雄蝶飞翔力强，很活泼，多在旷野地方飞。雌蝶飞行缓慢，常滑翔式飞行。美凤蝶1年繁殖3代以上，以蛹越冬。成虫全年出现，主要繁殖期为3～11月。卵期4～6天，幼虫期21～31天，蛹期12～14天。成虫将卵产于寄主植物的嫩枝上或叶背面，老熟幼虫在寄主植物的细枝或附近其他植物上化蛹。成虫常出现在庭院花丛中，还经常按固定的路线飞行而形成蝶道。

美凤蝶是我国南方品种，多见于长江以南各省，如四川、云南、湖北、湖南、浙江、江西、海南、广东、广西、福建、台湾等地。

枯叶蛱蝶也许是动物中最常被引用的自然伪装的例子。当休止时，其前后翅形成一片具柄的椭圆形的大叶片，其颜色基本上与枯叶一致。翅反面的花纹具“中脉”，甚至“瑕疵”，例如“蛀孔”及“霉斑”等。这些蝴蝶能如此精确地模仿枯叶的自然形态，令科学家惊叹不已。

闻名世界的金斑喙凤蝶

金斑喙凤蝶是我国特有的世界名贵珍蝶，生活在1000米以上的阔叶、针叶常绿林带。1年繁殖1代，越冬代成虫多在3月底4月间活动，少数可延续到8月份。金斑喙凤蝶多分布于广东、广西、海南、江西、浙江、湖南、福建等地。

金斑喙凤蝶隶属凤蝶科，因后翅有一块金黄色大斑故名，雌雄异型。雄蝶翅面翠绿色，前翅外缘有2条黑带，前缘至后缘近后角处有1条黄绿色的斜带。后翅中域有一大型金黄色斑，外缘有1根细长的尾突。雌蝶前翅淡黑色，外缘带黑色，亚外缘有1条绿色的细带，从前缘经中室中部到后缘有1条白色斜横带。后翅中域为大型乳白色斑，外缘有2根长尾突。

1988年，世界自然保护联盟制定的“受威胁物种红皮目录”中，金斑

喙凤蝶被列为保护对象。1989年，我国公布的《国家野生动物重点保护名录》草案中，将金斑喙凤蝶列为一级保护对象。本种珍稀的原因有：分布地区狭窄，仅限于东洋区的局部地区；阳盛阴衰，雌、雄性比相差悬殊（1∶50~1∶200）；因为珍稀，所以蝴蝶研究者、收藏家及爱好者都竞相猎取，甚至有人不惜重金收购，谋利者则狂捕滥采，也是造成稀少的原因之一。

裳凤蝶和喜欢逃婚的蝴蝶

裳凤蝶体大，黛色，具黑天鹅绒光泽，显得庄重、稳健、高贵；雌雄蝶后翅均为金黄色有黑斑，阳光一照，金光闪烁，更显得富丽堂皇；颈、胸侧面有红毛；腹部黄黑相间，展示它典雅气质，故有“金童”“黛女”“金风筝”之美称。

金裳翼凤蝶是国际野生动物二级保护对象，也是我国体型最大的一种蝴蝶。在我国江苏、浙江、湖南、广东、广西、福建、江西、台湾等长江、珠江流域诸山区均有其踪迹，在四川、云南、贵州、甘肃、陕西等西部地区都有它的芳影。国外分布于印度、缅甸、泰国、斯里兰卡、马来西亚等国。

世界上最小的蝴蝶是小蓝灰蝶，翅展仅0.7厘米，产于阿富汗。我国目前已知最小的灰蝶的翅展为1.3厘米，产自云南西双版纳。

一般蝶类的雄蝶比雌蝶要早一点羽化。之后，雄蝶到处飞翔，根据雌蝶散发的性信息素觅寻羽化不久的雌蝶，捷足登先地追逐交尾。在交尾之前有一个求婚仪式，雌蝶的花纹和颜色及其信息素都起着重要的作用。另外，双方外生殖器结构必须相配。一只栖息在叶上的雌蝶，如果是已经交尾过的，当雄蝶飞临时，它就平展四翅而将腹部高高翘起，绝不起飞，这是雌蝶不接受交尾的表示，因此雄蝶绕飞一阵，也就只好离去；反之即行交尾。有时一只不需要交尾的雌蝶，当其在空中飞翔时，可能遇到好几只雄蝶追逐求爱，绕圈飞舞，难解难分，一起上升到高空，这时雌蝶突然挟翅而下，急速降落，这种逃循使雄蝶如坠迷途，不知雌蝶所在，因而雌蝶得以脱身。

美丽神秘的花斑

我们一眼就能认出鳞翅目昆虫主要是因为它们翅上的花纹和颜色。鳞翅目昆虫的翅上具有许多生物界中最优美的色彩。艳丽的颜色是蝴蝶和一些蛾类最引人入胜的原因之一。

色彩可以由色素、结构或这两种共同产生。色彩通常出现在蝶蛾翅膀的鳞片上，但也有可能出现在下层的表皮组织内，即使鳞片被去掉，仍然能保存下来。

色素色是由代谢过程中产生的化学物质产生，这些化学物质，经常是排泄产物。人们对蝴蝶的色素知之较少，但对有些色素的研究甚多，已查明它们的详细化学结构。色素色中的黑色素是特别常见的色素，其表现为黑褐色。

许多幼虫和蛹的绿色曾一度被认为是从植物中获得的叶绿素。现在看来，在鳞翅目中尚未发现叶绿素，但绿色素从生物化学上来说，是从叶绿素衍生而来的。红色与红褐色也是由色素产生的。许多蝴蝶的色素具有不稳定性，主要是由于它们被暴露在阳光下产生褪色而引起的，它们也常能通过化学作用自主地加以改变。

结构色是由蝴蝶翅膀上鳞片的物理属性产生的。当把鳞片放在显微镜下观察时，我们通常可以看到许多纵隆脊。在有些品种中，这些脊纹由许多半透明的薄层组成，这些薄层与鳞片表面形成一定的角度，薄层间充满了空气。

这种结构使照射其上的光产生折射、反射等而形成各种颜色，颜色的变化随光照角度的不同而异。这种结构对某些品种来说，则是相当稳定的。我们可以用水面上的油膜来做类似的说明。水和油膜都是无色透明的，当光线穿过油膜并从水面反射回来时，即产生干涉而形成彩虹色。蝴蝶中的白色可由结构色产生。由微小的透明颗粒可以将光分散而产生白色，其效果与雪呈白色是相同的，其中并没有色素。人类的白发也是类似的结构产生的效果，而不是有白色物质。

有一种简单的方法可以区别这两种色彩。我们可以在蝶蛾翅上洒些水，如果颜色不变则是色素色，如果颜色变暗则是结构色。

结构色与色素色的组合，即混合色，要比单独的结构色更为常见。有两种裳凤蝶由结构色和半透明的金黄色素组合而形成最为美丽多彩的颜色。例如，荧光裳凤蝶的标本, 从上面看时只能看到金黄色的色素色，但从后面照光观看时，后翅上则呈现美丽的粉红色和绿色闪光。

 你知道冬虫夏草吗

冬虫夏草或许大家都听说过，古人说它们冬天是虫，夏天成草，冬天又变为虫。难道真的有如此神奇吗?

冬虫夏草产于西南低温、严寒、海拔3000米～4000米的山区，最早见于药书《本草从新》和《本草纲目拾遗》。18世纪20年代，法国的一个科学考察队在我国西藏发现了冬虫夏草，100年后英国植物学家才揭开了它们的庐山真面目。

那么，冬虫夏草到底是怎么来的呢?

原来，冬虫夏草是蝙蝠蛾科的幼虫被虫草菌属的真菌感染后形成的。在感染生病的初期，幼虫表现行动迟缓，随后则出现惊恐不安，到处乱爬，最后钻入距地表3～5厘米深的草丛根部，头朝土表，不久便死亡。真菌菌丝以幼虫体内组织为食，在幼虫体内生长。幼虫虽死，但其体壳仍然完好，冬季发现时仍像一条虫子。

待到寒冷的冬天过去，到第二年春暖花开的时候，虫体内的真菌迅速

发育，到五六月份，幼虫头部长出一根真菌的子座，长2厘米～5厘米，顶端膨大，子囊孢子充满了囊壳。子囊孢子成熟后从子囊壳中散发出来，再去感染其他幼虫。因此，被感染的幼虫在地表下是完整的幼虫尸体，地表上长出一根草样的真菌，虫草之名由此而来。

杀害绿色植物的“行军虫”

有些种类的昆虫专门杀害绿色植物，在这其中，粘虫可以说是害虫阵营中的一员猛将。

粘虫属于鳞翅目夜蛾科，它们就好像飞蝗一样，可以一群一群地结伴进行远距离飞行，而且飞行的速度非常快，每小时可以飞行40千米～80千米，能够连续飞行七八个小时，保持飞行高度200米左右。

飞在空中的粘虫是一个庞大的飞蛾群体，假如它们停留在哪片城市的上空，而且停下来开始产卵，那表示这个城市将有大面积的粘虫出现。而且，由于粘虫总喜欢白天藏匿起来，夜间飞行，所以人们根本不容易察觉。一旦发现有粘虫，这时已经晚了，而且粘虫的数量是异常惊人的，所以它们又被称为“爆发性的害虫”。这些粘虫发现了绿油油的庄稼之后便会集体进攻，吃完后又成群结队去另外的城市，保持异常迅速的动作，还像军队行军一样训练有素，所以人们又称它们为“行军虫”。粘虫在我国肆意横行，各地庄稼损失均较严重。

在1970年，云南就发生了一起粘虫大事件。当时一亩地差不多有二十多万只粘虫，人们每天早上去捉粘虫可以捉两三担，仅仅在宜良县捕捉到的粘虫就有270多万吨，数量之庞大，令人咋舌。若是站在田埂上张望，只见远处黑压压的一片，粘虫吃庄稼发出的“嚓嚓”之声令人恐惧。随着栽培制度的改变，粘虫危害显著加重，危害面积不断扩大。1970—1978年，全国共有6次粘虫大爆发事件，1977年全国粘虫发生面积达1.8亿亩。

多年来，有关科学研究单位密切协作，通过标记回收、海面捕蛾以及对各地粘虫发生规律的分析研究，基本明确了粘虫的越冬以及远距离季节性地南北往返迁飞的规律，为进一步提高预报和防治提供了科学依据。

第05章

蜂蚁王国

勤劳的小蜜蜂

我们在评价一个人勤劳的时候，经常会说："你就像勤劳的小蜜蜂。"一句话道出小蜜蜂的特点。其实，蜜蜂与人类渊源颇深，是人类最珍贵的饲养昆虫之一，与人类有漫长的交往历史。

勤劳的蜜蜂在花季时为农作物和果树授粉，提高粮食产量，不仅改良种子，还会让品种复壮，从而促进农业的蓬勃发展，对人类做出了积极的贡献。而蜜蜂所酿出的蜂蜜，因产量比较多，除了满足人民生活需求，还远销海外，可以说对社会经济发展也很有益处。

蜜蜂是人类的好朋友，每年春天繁花盛开的时候，蜜蜂便会早早结伴出发去田间、山谷里采蜜，整整一天都往返于花丛与蜂巢之间，为花授粉，酿出甜甜的蜂蜜。但是，它们付出这么多辛劳，却不是为自己。

我们可以计算一下，一只蜜蜂要酿成1000克蜂蜜，需要采集200万~500万朵花，往返于花朵与蜂巢之间飞行45万千米，这个距离相当于绕着地球飞行11圈。如此辛苦，蜜蜂自己只消耗185克蜜。

蜜蜂每天忙着外出采集花粉，之后又要在蜂巢里吞吐酿蜜，晚上还要继续加班脱水。一到晚上，所有的蜜蜂都会煽动翅膀，让蜂巢内的气流保持畅通，让蜂巢箱里的湿度大大降低，最后酿出的蜂蜜含水量仅有25%左右。一旦蜂巢里的蜜蜂贮满后，工蜂就会慢慢分泌出蜡质，把蜂巢里的蜂蜜封存起来，这样就完成了整个酿蜜工作。

早在2000年以前，《神农本草经》记载蜂蜜："止痛，解毒，除众病，和百药。久服强志轻身，不饥不老”。从这句话来看，那时人们就已经认识到蜜蜂的药用价值以及滋补身体的作用。不仅如此，蜂蜜还广泛应用在医药、食品以及日常生活的方方面面。

“蜂儿酿就百花蜜，只愿香甜在人间”，这句话是在表达人们对蜜蜂的赞美和感激。蜜蜂除酿蜜之外，还可以生产蜂王浆、蜂蜡、蜂胶、蜂毒等产品，不仅直接满足人们生活的需要，还为医药工业和其他工业提供原料。蜜蜂采蜜时为农作物授粉，可提高产量，其价值更高。有人曾做过统计：利用蜜蜂授粉，可使油菜增产30%～50%，棉花增产5%～12%，果树增产55%，向日葵增产30%～50%。

另外，人们还授予蜜蜂“昆虫矿工”的荣誉称号。因为从蜜蜂采集三叶草花粉所酿成的蜜中可以提炼出稀有金属钼。钼是电子工业和制造合成纤维必不可少的材料，但它在自然界的地壳内含量很少，含钼的矿藏很难找到。后来发现三叶草和苜蓿能吸收和贮藏这种稀有金属，于是人们便将收割的三叶草烧成灰，从中提取钼。但这种办法成本太高，操作复杂，产量太低，从40公顷的三叶草中只能提取出200克钼。而从三叶草花蜜中提取钼则相对容易些，成本也低些。提炼200克钼所需的蜂蜜量为700千克。同时，经提炼后的蜂蜜味道不变，仍可食用。这便是“昆虫矿工”荣誉称号的由来。

1.蜂毒

蜂毒是由工蜂的毒腺分泌物提取而成的。蜜蜂中的工蜂是由蜂王所产受精卵孵化而成的，小幼虫最初由工蜂给以王浆吃，以后则以花蜜、花粉及水的混合物为食，之后发育到成虫，成为没有生殖能力的雌蜂——工蜂。工蜂没有卵巢而有毒液囊，产卵管特化为螫针，并与毒液腺相通，螫针平时藏于体内腹末端，当遇到敌害时，便可伸出螫针注射毒液于敌害体内。当蜜蜂完成蜇刺飞离时，蜇针连同毒囊一起与蜂体分离，留在敌害者的皮肤里，而蜜蜂也因经不起这样的肢体损失而死亡。

蜂毒含有几种多肽物质，是治疗风湿性关节炎、神经炎、高血压的有效药物。美国蜂疗学会有一项研究报告指出，蜂毒对风湿性关节炎、多发性硬化、抑郁症、慢性疲劳综合征、带状疱疹、皮肤癌等病有疗效。

2.蜂王浆

这个食品是童年时期工蜂的咽喉腺分泌出来的白色乳浆，平时主要是供给蜂王食用的。蜂王浆含有较为丰富的蛋白质、多种维生素以及20多种氨基酸，所含的王浆酸是其特有的。在蜜蜂群体里，蜂王是权威的所在，当它还是幼虫时，就由工蜂拿王浆给它食用，一直到老死。正因为如此，蜂王在产卵高峰期，可以每天产卵1500～2000粒，寿命长达5年之久，是蜜蜂王国里唯一的长寿者。

蜂王浆富含营养物质和人体所需的氨基酸、蛋白质、类固醇、活性肽、脑激素、保幼激素和脱皮激素等，不仅可以强身滋补，还可以调节人体的生理机能，并辅助治疗神经官能症、风湿性关节炎、肝炎、咳喘、高血压等病，是人们抗衰老的保健食品。

3.蜂蜡

蜂蜡是由工蜂体内的蜜汁经吸收分解形成的，然后通过腹部末端的蜡板分泌腺分泌出来。蜂巢就是用蜂蜡造成的。工蜂每生产1千克蜂蜡，需要消耗20千克蜂蜜，由此可见生产蜂蜡代价之昂贵。蜂蜡用途很广，它是制造雪花膏、地板蜡、蜡笔、复写纸等用品的主要原料。

喜欢蜇人的小黄蜂

黄蜂的口器为咀嚼式，触角具12节或13节。通常有翅，胸腹之间以纤细的“腰”相连，腹部具可怕的螯刺。成虫主要以花蜜为食，但幼虫以母体提供的昆虫为食。世界已知黄蜂有20000多种，绝大部分为独栖，社会性的黄蜂仅限于胡蜂超科胡蜂科，约1000种，还包括大胡蜂及黄衣小胡蜂类。这些种类与蛛蜂科（同属胡蜂超科）种类和其他黄蜂类的不同之处是休息时其翅纵向折叠。

黄蜂口器发达，上颚较粗壮。雄蜂腹部7节，无螯针。雌蜂腹部6节，末端有由产卵器形成的螯针，上连毒囊，分泌毒液，毒力较强。蛹为离蛹，黄白色，颜色随龄期而加深。头、胸、腹分明，主要器官均明显可见。很多蜾蠃以蛹越冬。幼虫梭形，白色，无足，体分13节。

黄蜂成虫时期的身体外观亦具有昆虫的标准特征，包括头部、胸部、腹部、三对脚和一对触角；同时，它们的单眼、复眼与翅膀，也是多数昆虫共有的特征；此外，腹部尾端内隐藏了一支退化的输卵管，即有毒蜂针。成虫体多呈黑、黄、棕三色相间，或为单一色。具大小不同的刻点或光滑，茸毛一般较短。足较长，翅发达，飞翔迅速。静止时前翅纵折，覆盖身体背面。

胡蜂的毒素分溶血毒和神经毒两类，可引起人的肝、肾等脏器的功能衰竭，特别是蜇到人血管上会有生命之忧，对过敏体质的人来说尤其危险。胡蜂毒刺上无毒腺盖，可对人发动多次袭击或蜇刺人。

你了解木蜂吗

木蜂是木蜂科木蜂属昆虫的统称，因多在木质结构中筑巢而得名，种类繁多并广泛分布于世界各地。

木蜂体型粗壮，体色黑色或蓝紫色并具金属光泽，胸部生有密毛，腹部背面通常光滑，触角膝状，单眼排成三角形，上唇部分露出，下唇舌长，足粗，后足胫节表面覆有很密的刷状毛，翅狭长，常有虹彩，腹部无柄，雌蜂尾端有螯针。

木蜂是完全变态发育昆虫，三型蜂都要经卵、幼虫、蛹、成蜂四个阶段。卵白色，椭圆形；幼虫白色，无足，体型粗胖；蛹黄白色且体色会随老熟程度逐渐加深，不进食，头、胸、腹及主要器官明显可见，羽化成蜂后咬破室口钻出。

木蜂以植物花粉和花蜜为食，造访植物主要有向日葵、苜蓿、荆条及蔬菜瓜果等，独居生活，常在干燥的木材上蛀孔营巢，用唾液和钻穴的木屑混成隔板将巢穴分隔成多个间格，每格贮存有花粉和蜜汁的混合物供幼虫食用。

木蜂的代表物种有中华木蜂、黑熊木蜂、赤足木蜂、尖足木蜂等。中华木蜂体被红褐色密毛，腹部被红褐色毛，喜在桃花、向日葵、长春花、大丽花、海棠花等采集花粉，主要分布于我国东北、华东、华南及西南等地。黑熊木蜂体粗壮并具金属光泽，胸部被黄色密毛，腹部边缘密布刷状黑毛，翅长且闪紫色光泽，全国各地普遍均有分布，喜造访苜蓿、荆条、木槿等植物。赤足木蜂胸部被褐色毛，中胸侧板及小盾片被灰褐色毛，腹部末端两侧及各节背板后缘被红褐色毛，雄蜂体被黄绒毛，仅额部、唇基及腹部末端被黑色毛。尖足木蜂唇基及额唇基黑色，胸部密被黑色短毛，翅闪紫色光泽，雄蜂唇基及额唇基黄色，翅闪铜色金属光泽，主要分布于海南、云南、广西、西藏等地。

酸蜂是蜜蜂吗

酸蜂属于无刺蜂，以花蜜及花粉为食并能采花酿蜜，因所产的蜂蜜甜中带酸而得名“酸蜂”，又因其前脚携带有粘性较强的胶类物质而得名“粘蜂”，下面我们就一起来了解一下酸蜂吧！

1.酸蜂是小型蜜蜂

蜜蜂是蜜蜂科昆虫的统称，而酸蜂是蜜蜂科无刺蜂属小型蜂类，因此酸蜂也是蜜蜂的一种，事实上酸蜂除了体型比普通蜜蜂小以外，其他习性和蜜蜂基本相同，同样是社会性群居昆虫，同样泌蜡筑巢，也同样采花酿蜜，但酸蜂中的雄蜂除了与蜂王交尾外，也会出巢采集花蜜、花粉等。

2.酸蜂是群居昆虫

酸蜂和普通蜜蜂一样属于群居性昆虫，蜂群中有蜂王、雄蜂、工蜂三种蜂型，其中蜂王专门负责产卵来繁殖后代，雄蜂主要负责与新蜂王交尾且在交尾后很快便会死亡，而工蜂则是蜂群中的主要劳动者，事实上蜂群中大多数劳作如修筑蜂巢、采花酿蜜、守卫蜂巢等都是由工蜂来完成的。

3.酸蜂用蜂蜡筑巢

酸蜂和普通蜜蜂一样有泌蜡筑巢的习性，在自然环境下多营巢于树洞、墙缝、岩隙等较隐蔽的地方，和普通蜜蜂不同的是，酸蜂巢门口有一个由蜂蜡和蜂胶筑成的喇叭管，另外酸蜂和中蜂有类似“互利共生”的习性，其中酸蜂可协助中蜂对抗胡蜂等天敌，而中蜂则为酸蜂提供一定的食物。

4.酸蜂为作物授粉

酸蜂的体型只有普通蜜蜂的十分之一，可以深入到花管中采集花蜜并为农作物授粉，因此酸蜂一般多被驯养作为专业的授粉蜂种，同时酸蜂所产的蜂蜜也是极富营养价值的高级滋补品，另外酸蜂在蜂胶产量上也是极为优秀的。目前我国云南的西双版纳人工饲养酸蜂已取得了一定的成功。

喜欢寄生的蜜蜂

寄生蜂是细腰亚目寄生性蜂类的统称，典型代表有赤眼蜂、姬蜂、小蜂、茧蜂等，最显著的特点是幼虫和成蜂靠寄生在寄主上生活，寄主从卵到成虫的每一个阶段都可能被寄生，例如赤眼蜂的寄主有玉米螟、黏虫、棉铃虫等害虫，所以赤眼蜂科昆虫在防治农业害虫上的应用最普遍。

寄生蜂的体色因种类不一样而不同，不过成蜂均有一对触角、两对翅膀、三对足，躯体由头、胸、腹三部分组成，头部多呈肾形，复眼位于头上部两侧，胸部近似圆柱形并分三节，每节都生有一对足，中、后胸上各生一对膜质翅膀，雌蜂腹部末端有输卵管退化形成的螯针。

寄生蜂是完全变态发育昆虫，所有寄生蜂都要经卵、幼虫、蛹、成蜂四个阶段，卵白色，椭圆形，幼虫白色，无足，体型粗胖，蛹黄白色且体色会随着老熟程度而逐渐加深，头、胸、腹分明，主要器官明显可见，蛹期不进食，在蜂房中羽化成蜂后用上颚咬破室口钻出。

卵寄生是指寄生蜂将卵产在寄主卵中，寄生蜂幼虫以寄主卵块为食并完成发育。幼虫寄生是指寄生蜂将卵产于寄主幼虫中，寄生蜂幼虫以寄主体液为食并完成发育，例如蚜虫、跳小蜂、金小蜂等都属于幼虫寄生。蛹寄生是指寄生蜂将卵产于寄主蛹中，寄生蜂幼虫以寄主体液为食并完成发育，例如广大腿小蜂、舞毒蛾黑瘤姬蜂等都属于蛹寄生。成虫寄生是指寄生蜂将卵产于寄主成体中，寄生蜂幼虫以寄主体液为食并完成发育，例如嗜蛛姬蜂、瓢虫茧蜂等都属于成虫寄生。

寄生蜂的种类包括赤眼蜂、小蜂、姬蜂、茧蜂等。赤眼蜂是赤眼蜂科昆虫的统称，代表物种有松毛虫赤眼蜂、广赤眼蜂、玉米螟赤眼蜂等，寄主主要有松毛虫、玉米螟、稻苞虫、棉铃虫等。小蜂是小蜂科昆虫的统称，代表物种有广大腿小蜂、广肩小蜂、褶翅小蜂、跳小蜂、蚜小蜂等，寄主主要有粉蝶、松毛虫、稻苞虫、舞毒蛾等。姬蜂是姬蜂科昆虫的统称，代表物种有广黑点瘤姬蜂、舞毒蛾黑瘤姬蜂、螟蛉悬茧姬蜂等，寄主主要有稻苞虫、舞毒蛾、玉米螟、稻螟蛉等。茧蜂是茧蜂科昆虫的统称，代表物种有螟蛉绒茧蜂、麦蛾柔茧蜂、瓢虫茧蜂、天蛾绒茧蜂等，寄主主要有卷叶螟、稻苞虫、瓢虫、棉铃虫等。

小小蚂蚁为什么力气大

昆虫界最小的动物，莫过于蚂蚁，如果它们在地上爬动，是完全可以忽略不见的。但恰恰是这小小的蚂蚁，有着超大的力气，它们特别会搬东西，你如果能亲眼所见，就会感到十分震惊：蚂蚁有那么大的力气吗？是的，确实是这样。经过科学研究，蚂蚁托举起来的重量，可以超过它自身体重的100倍。换句话说，在这个世界上，没有谁可以举起超过自身体重3倍的重量，这么一对比，蚂蚁的力气比人的力气要大得多。

一只小小的蚂蚁，身体里却蕴藏着无穷的力量，这真是一个有趣的“谜”。科学家进行了大量的实验研究，终于破解这个谜。原来，小小蚂蚁的脚爪里的肌肉是一个效率十分高的“原动机”，其效率比航空发动机还要高几倍，所以能产生非常巨大的力量。生活中，我们常见的发动机需要汽油、柴油、煤油等燃料，但是蚂蚁的“肌肉发动机”是一种极为特别的燃料，虽不燃烧，却一样可以把潜藏的能量释放出来转换为机械能。既然不燃烧就没有什么损失，效率就会成倍提高。科学家们经过检测，发现这种特殊燃料的主要成分是磷的化合物。

简单的理解就是，在蚂蚁的脚爪里，藏着好几十亿台微妙的小电动机在发力，这就是小小蚂蚁力大无穷的真相。由于这个原理的发现，科学家们不禁产生联想：可以以此制造相似的“人造肌肉发动机”。

从发展前景来看，如果把蚂蚁脚爪那样有力而灵巧的自动设备应用到技术上，那将会引起技术的根本变革，那时电梯、起重机和其他机器的面貌将焕然一新。

现在我们用的起重机一般是靠电动机工作的，但是做功的效率比起蚂蚁可差远了。为什么呢？因为火力发电要靠烧煤，使水变成蒸汽，蒸汽推动叶轮，带动发电机发电。这中间经过了将化学能变为热能，热能变成机械能，机械能变成电能这么几个过程。在这些过程中，燃烧所产生的热能，有一部分白白地跑掉了，有一部分因为要克服机械转动所产生的摩擦力而消耗掉了，所以这种发动机效率很低，只有30%～40%。而蚂蚁“发动机”可以将肌肉里的特殊“燃料”直接转化，损耗很少，所以效率很高。

人们从蚂蚁“发动机”中得到启发，制造出了一种将化学能直接变成电能的燃料电池。这种电池利用燃料进行氧化还原反应直接发电。它没有燃烧过程，所以效率很高，可以达到70%～90%。

快速奔跑的切叶蚁

蚂蚁类群里有一种奇怪的蚂蚁，它们并不会直接吃树叶，而是将树上的叶子切割成小片带到洞穴里用于真菌发酵，真菌经发酵后会慢慢长出蘑菇，这才是它们的食物，这类蚂蚁就是切叶蚁，又称蘑菇蚁。切叶蚁主要生活在亚马逊热带丛林里。

切叶蚁在加工食物时十分有趣。长得比较壮的工蚁会离开蚁穴去寻找自己喜欢的植物叶子，看到喜欢的叶子之后，就露出刀子一样锋利的牙齿，通过牙齿尾部的迅速振动让牙齿产生如电锯一般的声音。切下叶子之后，工蚁开始招呼其他工蚁来帮忙，把一片片叶子切开，再一起拖着劳动成果搬回蚁穴中。

将叶子拖到蚁穴之后，切叶蚁们又开始分工合作。较小一点的工蚁把叶子切成小块状，再切磨成浆状，然后把粪便浇在上面，其他工蚁在另外一个洞穴里把浓稠的液浆黏贴在一层干燥的叶子上，另外一些工蚁把老洞穴里的真菌转移过来，一点点种植在叶浆上，只见真菌在上面像雾一样散开，一大群矮脚蚁守护着珍菌园。

对于切叶蚁来说，真菌具有十分重要的意义，可以说是它们的救命草，因此，它们非常注意呵护、培育真菌。切叶蚁用昆虫的尸体或植物残渣之类的有机物质培育真菌。它们把真菌悬挂在洞穴的顶上，并用毛虫的粪便来“施肥”。

切叶蚁对真菌园的管理十分认真，特别是那些专门担任警卫工作的兵蚁，简直不敢离开一寸，生怕外来蚁入室偷窃。一旦发现不速之客，它们个个勇猛异常，与入侵者展开殊死搏斗。

世界上最毒的蚂蚁

你被蚂蚁叮咬过吗？如果你被蚂蚁叮咬过，一定会记得那种感觉，好像被针扎过一样，有点轻微的疼痛。不过，这只是普通蚂蚁的叮咬，如果被世界上最毒的蚂蚁咬过，那就不只是疼痛那么简单了。世界上最毒的蚂蚁是牛头犬蚁下属的跳虫杰克（或称为多毛牛蚁等），这种蚂蚁的毒液能引发人休克甚至致人死亡。

跳虫杰克是牛头犬蚁中最毒的一种，牛头犬蚁是世界上最大的蚂蚁之一，成蚁体长可超过2.5厘米。它们主要分布于澳大利亚，性情凶暴，下属的跳虫杰克尤甚，任何一点动静或是震颤都会激怒它们。

跳虫杰克因为拥有灵活的弹跳能力，故得此名号。它们通常体长1厘米～1.2厘米，身体呈黑色或是红黑相间，有黄色或者橙色的脚、触须和上颚。跳虫杰克的腹部长有蜇刺，里面含有毒液，这是帮助它们捕食的有力武器。

跳虫杰克的毒性十分强烈，人被这种蚂蚁咬了之后，会立刻心跳加速、血压飙升，感觉整个身体都在发热且会气管肿胀，以至于呼吸困难，出现完全过敏性休克症状，如果不尽快注射药物，患者的脉搏将会停止跳动。专家认为，从引发过敏反应的角度来看，跳虫杰克算是世界上最危险的蚂蚁。

世界上最大的蚂蚁

在澳洲东部生活着一种公牛蚁，它们是世界上体型最大的蚂蚁，工蚁体长可达4厘米。拥有巨大体型的它们攻击力也很强，连蜜蜂都是它们的手下败将。

公牛蚁又叫红牛头犬蚁，是斗牛犬蚁中的一种，成年公牛蚁体长为1.5厘米~3厘米。公牛蚁头部和胸部通常为棕红色，腹部的后半部为黑色。它们拥有锋利的锯齿状颚部和坚硬的螯刺，这是用来对付猎物的主要武器。

不同于寻常蚂蚁有合作捕食的习性，公牛蚁捕食时通常独自行动，它们会采取伏击的方式，等到猎物经过时闪电般扑向对方身后，将毒刺插入对方的身体将其杀死。不过成年公牛蚁无法吃固体食物，只能吸取战利品的液汁，而猎物的身体则被它们搬回巢穴喂养幼虫。

公牛蚁性情十分凶暴，敢于对抗任何挡路的敌人，通常用强大的大颚和带有毒液的螯刺作为攻击武器。它们的毒液毒性较强，人被咬之后会引起剧烈疼痛，这种剧痛将持续一两天。

马蜂和蜜蜂是什么关系

马蜂和蜜蜂都是典型的社会性昆虫，加之两者在很多方面都有极高的相似性，从而导致很多人无法准确地区分它们，甚至干脆一股脑将其统称为马蜂或蜜蜂，事实上二者是截然不同的两种昆虫，下面来看一看马蜂和蜜蜂是什么关系吧!

1.物种演化

马蜂是由原始胡蜂进化而来的，原始胡蜂的演化过程有两个分支，一个分支演化成了胡蜂，另外一个分支演化成了蚂蚁。而蜜蜂则是由泥蜂演化而来的，其出现可能与白垩纪晚期的显花植物有关。因此从演化上看马蜂与蚂蚁的关系可能更近一些。

2.物种分类

马蜂是胡蜂总科昆虫的统称，尤其特指胡蜂科中具有群居特性的昆虫，而蜜蜂是蜜蜂总科下蜜蜂科昆虫的统称，尤其特指蜜蜂属下面的9个独立物种，例如西方蜜蜂、东方蜜蜂、黑大蜜蜂等，因此从生物学分类上看马蜂和蜜蜂也是截然不同的昆虫。

3.相同之处

马蜂和蜜蜂都是典型的群居性昆虫，整个族群都生活在蜂群修筑的蜂

巢中，而且不管是马蜂还是蜜蜂都有极强的护巢本能。马蜂和蜜蜂的蜂群由雌蜂、职蜂、雄蜂三种蜂型构成，且三型蜂都有极为明确的分工。马蜂和蜜蜂都具有连着毒腺的螯针，蜂巢受到威胁时职蜂用螯针攻击入侵者，毒腺中的毒液由螯针注入攻击者体内。

4.两者区别

马蜂是典型的捕食性昆虫，主要以鳞翅目或其他小昆虫为食，而蜜蜂则是纯粹的素食性昆虫，完全以植物的花粉和花蜜为食；马蜂用纸质材料修筑蜂巢，有些马蜂巢外面还有一层外壳，而蜜蜂用工蜂分泌的蜂蜡筑巢，整个蜂巢由单列或数列巢脾构成；马蜂分泌的毒液呈弱碱性，被马蜂蛰后要用弱酸性溶液清洗，而蜜蜂的毒液则是弱酸性的，被蜜蜂蛰后要用弱碱性溶液中和；马蜂的毒针末端没有倒钩，因此马蜂蛰人后自己不会死亡，而蜜蜂的毒针末端有倒钩，蛰人后会因身体内脏损伤而死亡。

为什么马蜂来家里筑巢

对马蜂来说，蜂巢是生存和繁衍的基础，其实，马蜂对蜂巢的环境是非常挑剔的，比如在蜂巢附近必须有丰富的食物，周围环境必须要安静且有利于躲避天敌的危害，假如环境不合适，马蜂是不可能筑巢的。所以，如果家里有马蜂来筑巢，那是因为家里的环境符合马蜂筑巢的要求。

马蜂是细腰亚目多种群居昆虫的统称，因腹部末端有连接着毒腺的螫针而令人畏惧，一般情况下，马蜂多将巢筑在隐蔽的地方，但有时候也会筑在屋檐或窗沿下，下面一起来看一看为什么马蜂会来家里筑巢吧。

马蜂来家里筑巢在迷信说法中预示着福分和财运，原因是“蜂”和“凤”在读音上相似，“蜂巢”也就被人们谐音成“凤巢”，而凤凰在民间又是吉祥和福运的象征，因此马蜂来家里筑巢在迷信说法中是大吉大利之象，对旺人丁、财运有利，预示着家里近期会好事连连。

马蜂来家里筑巢要根据实际情况来处理，若只是小型马蜂且对人没有

威胁时可人蜂相安，但若已严重威胁到人身安全则要及时处理，尤其是家里有小孩时一定要提防被马蜂蜇伤，此时可穿戴好防蜇护具后将蜂巢捣毁，必要时也可请消防人员来处理。

一般来说，马蜂蜇人仅仅是为了守卫蜂巢，所以当我们发现马蜂巢穴后要尽量绕道而走，千万不要主动去攻击或挑衅蜂群。

一窝胡蜂有多少只蜂王

胡蜂是胡蜂总科昆虫的统称，因尾部有带毒的螯针而令人所熟知和畏惧，尤其是蜂巢受到威胁时蜂群便会群起而攻之，事实上几乎每年都有胡蜂攻击人类的报道，下面一起来看一看一窝胡蜂有多少只蜂王吧。

胡蜂和蜜蜂一样是典型的社会性昆虫，整个群体主要由蜂王、工蜂和雄蜂三种蜂型构成，其中雌蜂的主要作用是产卵来繁殖新蜂，工蜂负责包括筑巢、觅食、哺育等劳作，而雄蜂则主要负责与新出房的蜂王交尾，但在第二代蜂王出房前，群内所有工作都由第一代蜂王承担。

胡蜂和蜜蜂的每个蜂群虽然都有且只有一只蜂王，但两者蜂王在形成过程上却有着本质区别。原因是胡蜂的蜂王实际上是由雌蜂的社会等级决定的，在群体中只有社会等级最高的雌蜂才能产卵并享受蜂王的待遇，而其他社会等级低的雌蜂则只能在蜂巢中参与哺育幼虫及出巢觅食等工作。

胡蜂的越冬方式与蜜蜂也是截然不同的，蜜蜂是群体以半休眠方式结团越冬，而胡蜂则是孤王越冬并于翌年再筑巢繁衍，另外有些越冬蜂王在前阶段也会合作筑巢，但稳定后蜂王之间便开始争夺最高等级，胜利者成为蜂王并垄断产卵权，失败者失去产卵权且只能处于从属地位。

胡蜂蜂王越冬成功后会重新觅址筑巢，此时蜂王是唯一的成年蜂，且所有工作都由蜂王负责，例如筑巢、产卵、觅食、御敌、育虫等，第一代工蜂出房后蜂王便只负责产卵来培育新蜂，第二代雌蜂中有少数个体能与雄蜂成功交尾，之后已完成使命的越冬蜂王将被新蜂王自然交替掉。

第06章

那些臭名昭著的害虫

蚜虫为什么这么厉害

蚜虫又叫腻虫、早虫、蜜虫、蚁虫等，它们的身体虽然很小，但危害植物的能力极强。它们之中除五倍子蚜是益虫外，其余都可以说是毁灭性的害虫。所有林木果树、花卉、蔬菜、粮棉和油料等作物的根、茎、叶、树皮、嫩芽、花、果实，几乎没有它们不危害的。

蚜虫分泌的蜜露能诱致霉菌发生，妨碍叶部制造养分，使得花、叶、果实很快失去美丽的外观。同时，蚜虫还是各种植物病毒的传播者，所以防治蚜虫危害是保证农业增产的重要措施。

蚜虫用它们针状口器刺入植物的组织，吸取植物的汁液，致使被害植物卷叶、凋萎，严重时甚至枯死。如烟蚜危害烟草使植株生长缓慢，烟叶

品质降低，叶片烘烤后呈黑褐色，吸水力差，严重影响收成。

蚜虫危害严重是因为它们能以多样的生活方式去适应不同的生活环境。在气候温暖的南方可以不越冬，一年四季以有翅或无翅孤雌胎生蚜繁殖后代，即不需要与雄蚜交配受精而产生后代，卵在母体内停留到胚胎发育成熟时被排出体外，生下来就是小蚜虫。蚜虫还可随寄主植物的盛衰而产生有翅或无翅蚜，能够迁飞寻找适宜害主。

赤地千里，寸草不留

蝗虫，可谓是十足的害虫，有句话可以形象地形容蝗虫的危害：“赤地千里，寸草不留。”它们对庄稼的危害非常严重，在古代，人们将蝗虫、洪水、干旱同列为灾难，并称为“蝗灾”。在蝗虫类群中，有一种最厉害的叫飞蝗，经常结伴进行远距离飞行，它们飞行速度很快，飞行高度高达两千米以上，可以没日没夜地飞行数十个小时，而且一次可飞行上百公里。当上万只蝗虫集聚在天空中，远远看去就像乌云一样，黑压压的一群，似乎快要把城市淹没。一旦它们看见地上有庄稼，便会齐刷刷地朝着地面突击，只听见“嚓嚓嚓”的声音，不过几分钟的时间，那大片大片绿油油的蔬菜就被消灭了。

一个蝗群往往有十几吨到几十吨的蝗虫，一个大的蝗群每天可以取食16万吨食物，同样数目的粮食可供80万人食用一年。

据报道，1978年初，一场严重的蝗灾在非洲之角发生。起初在沙特阿拉伯的沙漠地区出现了50多个蝗群，这些饥饿的蝗群随着季风，越过红海进入了埃塞俄比亚、索马里；此外，还有20多个蝗群越过印度洋飞到印度、伊朗和巴基斯坦。

1889年，一大批沙漠蝗虫飞越红海，堪称世界上最大的一次蝗虫飞行。据估计约有2500亿只蝗虫，总重量达50.8万吨。在东非有人观察到一群蝗虫排成高30米，宽1500米的阵势前进，经过9小时才全部通过。

为了查明蝗虫的飞翔能力，澳大利亚发明了一种雷达，能侦察出大群蝗虫夜间在50公里至80公里内的集结情况，并根据天气的变化测出蝗群可能对某地的侵袭，以便及时采取措施。为了对付这种害虫，东非各国互相配合、密切协作，通过建立组织、召开会议等采取各种措施，向受害国提供灭虫工具和药剂，并采取联合行动，监视蝗虫动向。这些措施对控制和消灭蝗灾起了一定的积极作用。

什么是水稻杀手

农民伯伯辛辛苦苦种植粮食，也免不了遭受害虫的破坏，如水稻的天敌——水稻螟虫。早在3000年前，水稻螟虫就是水稻的大敌。一旦水稻螟虫破坏水稻，田间便是白穗累累，叶苗枯萎，减产过半。1957年，周尧在《中国早期昆虫学研究史》中考证，螟虫在我国是仅次于蝗虫的大害虫。

水稻螟虫属鳞翅目螟蛾科，主要有二化螟和三化螟两种。三化螟呈淡黄色，前翅为三角形。雌蛾前翅黄白色，中央有一个个黑点，腹部末端在产卵前有一丛明显的黄褐色绒毛。蛾子在夜间活动，趋光性强，在气温达20℃以上、风小而无月的夜晚，半夜扑灯的蛾子最多。

雌蛾喜欢在长势茂盛、嫩绿的稻株上产卵，在秧田内多产在叶片近尖端处，在大田内多产在叶片的中上部。一只雌蛾可产卵100～200粒。初孵出的螟虫在稻株上爬行，或吐丝下垂，随风飘到邻近的稻株上。稻苗易受螟虫危害，造成枯心，凡稻苗处在分蘖盛期、叶色嫩绿，遇上卵块盛孵的田块，受害就严重。正在破口抽穗的稻株，也易受螟虫危害，造成白穗。如在灌浆后期受幼虫危害，就造成虫伤株。

上海郊区一年繁殖三四代的水稻螟虫，以老熟幼虫在田间稻桩内越冬。越冬幼虫化蛹羽化成为越冬代的蛾。在幼虫阶段如气温高，则发育快，当代发蛾日期就提早。郊区全年中以第三代危害最严重。在上海郊区一年繁殖二、三代的水稻螟虫，以幼虫在稻草、稻桩和茭白内越冬。越冬幼虫的生命力很强，能耐干耐寒，在春暖后还有不少幼虫钻入小麦、油菜和蚕豆等植株内为害。因越冬场所和钻入作物补充取食的情况不一样，春暖后幼虫的化蛹进度差别很大。在茭白内的越冬幼虫化蛹最早，之后顺次为稻桩、稻草、夏熟作物等幼虫，堆在室内的稻草里的幼虫化蛹最迟。

水稻在不同生育期受害，出现枯鞘、枯心、枯孕穗、白穗或虫伤株。卵块孵化后，螟虫先在叶鞘内群集为害，造成枯鞘。以后幼虫分散为害造成枯心和虫伤株。全年中以第一代幼虫为害最重。

松毛虫是损害森林的“凶手”

松毛虫属鳞翅目枯叶蛾科，其幼虫周身长满了长毛，专门取食松叶，故名松毛虫。松毛虫是针叶林10余种松树的大敌。我国从南到北都有松毛虫数量占比较多的松毛虫有6种，分别以其取食的松树命名，如马尾松毛虫、云南松毛虫、油松毛虫、赤松毛虫、落叶松毛虫等。

已有浙江、山东、河北、广西等20余个地方遭到其严重危害，发生时，数日间即能将青山绿林变为秃枝残梗，远望如火烧，近看虫满树，虫粪盖满地。松树受害后，长势受损，甚至衰萎枯死。据1952年湖南零陵林管处调查，仅零陵、祁东等五县，被马尾松毛虫危害的面积达253万余亩。1953年辽东长白山西部天然落叶松林，受害面积达43万余亩。

令人讨厌的偷油婆

在生活中，我们最讨厌的昆虫就是无处不在的“小强”——蟑螂，也就是我们经常喊的偷油婆。蟑螂的学名为蜚蠊，是一类全球性的昆虫，分布在世界的各个地方，尤其在热带最多。我国几乎每个城市都有它们的踪迹，它们会出现在家里、食堂、宾馆、医院、仓库、商店等，不仅如此，它们还分布在田野、森林、工厂等地方，它们喜欢偷食树木、玉米、甘蔗等数十种农作物，给人类造成经济上的损失。蟑螂躯体扁平，呈棕色、棕黑色、褐色或黄褐色，具有金属光泽，头前有两根细长的触角，发出比较难闻的臭味。

蟑螂特别嗜好淀粉、糖类以及湿度较高的食物。另外，蟑螂还喜食茯苓、菊花、当归等几十种中药材，粪便、痰汁、腐烂的小动物尸体也是它们的佳肴。它们在爬行和取食过的地方常排泄许多肮脏的粪便，遗留下恶心的臭味。

蟑螂是许多人类疾病的传播者。已知蟑螂能携带伤寒杆菌、痢疾杆菌等十几种流行病菌。据报道，每只蟑螂的触角、足及胃内的含菌量可高达13370个。此外，蟑螂体内还带有钩虫、蛔虫及鞭毛虫等人体寄生虫卵，它们可通过接触、取食、排泄粪便而污染食物，传播疾病。

许多国家的卫生组织、防疫部门都把它们视为要消灭的对象，投入大量的人力、物力、财力，从事其分类、生活习性、环境生态、防治利用等方面的研究。

蟑螂这一家族，现存的种类，全世界不少于10000种。其中的6000余种，已经被科学家研究并有了学名，我国有记录的已超过200种。

打开蟑螂的家谱，我们会惊异地发现蟑螂漫长的家史。美国科学家对两块蟑螂化石进行检验，确定蟑螂已经有3亿年的历史了。蟑螂完成从卵、幼虫、成虫的生命周期，通常需要半年到4年多的时间。我们平时所见的室内蟑螂尽管有翅，却不擅长飞行，可能是为了方便偷东西时逃跑，它们练就了三对“飞毛腿”，很擅长奔跑爬行。

蟑螂不喜明亮的地方，常躲在沟壁、厨灶四周、衣物里、书页中等阴暗角落，晚上才偷偷摸摸地出来寻找食物。比较有趣的是，蟑螂的卵都产于一个革质卵鞘内，形状酷似一颗老熟的扁豆，细看其上常具环纹。这个精心制作的幄帐内，有十几粒到几十粒卵。通常雌虫一生可产下十四五个卵鞘，同时深恐子女在孵化前遭外敌的侵袭，总是把卵鞘挂在自己的腹末，长达两三周，直到里面的卵快要孵化成幼虫时，才把卵鞘安置在一个安全舒适的场所。

值得一提的是，尽管蟑螂作为一个整体来说是人类的敌人，但是它们的阵营里也有于人有益的种类。我们要给予保护、利用。如一种叫“中华真地鳖”的蜚蠊，它们的雌虫就是著名的中药“土鳖”，味咸性寒有毒，有破血逐疽散结的作用，主治血滞、闭经及跌打损伤等病症。对这样的种类，国内外有专著介绍，也有专门单位或专业户饲养。

藏在食品里的蛀虫

家里通常都会储备一些大米、面粉、豆类等粮食，还有花生、莲心、芝麻、黄花菜等植物性食品及干鱼、火腿、腊肉、虾米等动物性食品。而令人苦恼的是，这些食品经常受到蛀虫的危害，有的是因为买来时就已经藏了蛀虫，有的则是买来之后因存放的方式不当，所以有了蛀虫。

1.面粉虫

北方人以面食为主食，几乎每家每户都有面粉。而面粉中常会出现一种甲虫——拟谷盗，这些虫子比米虫要大一些，身体是红褐色，成虫有一个方方的背部，通常有两种：赤拟谷盗和杂拟谷盗混生。与米虫一样，面粉虫也喜欢躲在角落里。在气温升达28℃～30℃时，它们就会大量繁殖，每头雌虫可产卵1000粒。因此，当见到面粉里有它们出现时，说明它们的数量已经很多了，会加速面粉霉变而不能食用。此外，拟谷盗还会在人参补品、大米、玉米、酒曲等物品中出现。

2.米虫

南方人以吃大米为主，大米会因南方气温高而很容易生虫。在每年七八月盛夏季节，家中的米缸里常出现芝麻粒大小的米蛀虫。如果仔细观察这些米蛀虫，会发现它们身体很坚硬，呈圆筒形，棕红色。在放大镜下看，就更有趣了，它们的头部前面长了个与大象鼻子一样的喙，因此又称它们是象鼻虫。米虫里的象鼻虫有两种：玉米象与米象。这两种虫喜欢往角落里躲藏，所以在米的表层我们一般不易发觉它们。

3.豆类虫

这一常见的种类也是甲虫。成虫颜色常呈灰黑色，而幼虫却长得白胖柔软，隐藏在豆粒内。一般蚕豆里出现的蛀虫为蚕豆象；赤豆、绿豆里的蛀虫多为绿豆象。豆象与象鼻虫虽然长得相似，可它们却是不同的科，豆象自成一科，称豆象科，其触角为栉齿状，而象鼻虫的触角则为膝状。家里豆类出现蛀虫，多是因为这些害虫早就在豆田里瞄准时机钻入豆荚，由豆携带入室的。

4.植物性副食储品害虫

像黄花菜、花生、芝麻这类贮藏食品的害虫多为小蛾子，常见两种：印度谷螟和粉斑螟。前者的翅上有明显红褐色斑，而后者则无红褐色斑。假如夏季见家中出现小蛾子飞舞，应赶快检查一下贮存的干制食品是否受蛀，及时处理。

黑木耳、莲子、红枣等储藏类副食品常会受锯谷盗和书蠹危害。锯谷盗是一种小甲虫，约芝麻粒大小，背两侧为锯齿状，身体扁平易钻蛀。成虫活泼，爬行快，寿命长达3年以上，产卵量大，产卵期长达2个多月，幼虫发育快。所以一旦繁殖，数量往往很大。此外，锯谷盗对高、低温都能适应，抗性较强，甚至连饼干、月饼、人参、当归、巧克力也危害。

5.肉类副食储品害虫

假如你在火腿、腊肉上发现黑色小苍蝇的话，那肯定是酪蝇了。其成虫很活泼，喜光亮；幼虫则相反，怕光，并且群居取食。酪蝇除危害火腿、腊肉、熏肉、咸肉、熏鱼等，还常常出现在人粪、尸体内。因此，它们除了直接危害外，还会传染疾病。

6.食糖虫

食糖里若有虫，则主要是普通糖螨。螨虽然不是昆虫，可它们与昆虫的亲缘关系很近，危害习性又很相似，所以都放在昆虫学里进行研究。螨的身体十分微小，成虫体长只有0.035厘米～0.056厘米，肉眼不易看到，只有在显微镜下才能看到它们的真面目。因此食糖贮存不能过久，如果时间长，糖又受潮的话，最好把糖加水烧沸，用纱布过滤糖水后再食用。

木质家具中的“蛀虫”

有一种虫，竟然会钻地道，你猜猜这种虫是什么虫呢？

小时候，我们都看过《地道战》这部电影，对于我国人民在抗日战争中巧妙利用地道和敌人周旋，最后打得敌人落花流水，晕头转向，感到由衷的赞叹。但是，你所不知道的是，或许你家里正有一群虫子在发起“地道战”呢。尤其是家里的木质家具，如果出现蛀虫，蛀虫就会在家具里钻蛀成四通八达的隧道，来打扰人们的日常生活，让人防不胜防，却又不知道怎么办。

家具里的蛀虫属于鞘翅目昆虫，如天牛、粉蠹、竹蠹、长蠹等。它们“武艺”高强，能啃、会钻，或全身滚动，在木、竹、藤器内部挖成无数纵横交错的坑道，并在其中完成它们的幼虫发育或者安家落户、繁衍后代。它们背上像刺猬一样长满了小刺，可以在木头里边钻边滚，肆无忌惮。还能边蛀食边排泄，使蛀道里出现成堆的蛀食粉屑。

令人烦恼的是家具外表很难看出被害，里面实际上坑道横七竖八。家具里一旦发现有虫，就会出现蛀孔。被蛀家具轻则表面上有点点蛀孔影响美观，重则“瘫痪”。其实，出现了蛀虫，家具店也无可奈何，因为这些蛀虫往往在家具制作前，早就隐藏其中了。

家庭中的家具害虫大多是随家具带入居室的，一般情况下，不再侵入其他油漆过的新家具。这时，你不必惊慌，保持家具安放场所的清洁卫生、通风干燥是防治害虫的重要前提。

无处不在的衣物蛀虫

家庭主妇最担心的就是无处不在的衣物蛀虫，衣服被长时间存放，就容易遭虫蛀。如羊毛衫、毛呢大衣、贵重西装等都会受到蛀虫的危害，令人气愤不已。在这里，就将这类最烦人的衣服常见蛀虫介绍给读者，以便识虫、防虫和治虫。

1.浑身长刺的皮蠹幼虫

如果羊毛、羽绒、毛呢衣服上出现蛀孔，大多数是小圆皮蠹及黑皮蠹。小圆皮蠹体圆像粒黄豆，翅鞘上有明显的3条波浪状花纹。幼虫身上密密麻麻地布满各种刺毛，样子有点吓人。它们不仅蛀害羊毛、丝绸类衣物，还可取食补药、面粉、花生、大豆、淀粉、香料以及动物标本等。所以，家里在存放贵重毛料衣服的时候，千万不要在衣箱、衣柜附近存放它们所取食的东西。

黑皮蠹稍大于小圆皮蠹。成虫体椭圆形，暗褐色，往往飞到室外，聚集在花上取食花粉和花蜜，并进行交配活动。幼虫红褐色，尾后有一束长毛。幼虫常群集在墙壁角、地板下、砖石缝隙或尘埃杂物处，并在那里过冬。幼虫也可在各种谷类、面粉、豆类以及年数较长的陈旧纸糊板壁上发现，不过对这些物品危害并不大。相反，其对呢绒衣服、地毯、毛线以及含有真丝、毛、猪鬃、羽毛、兽皮等物品则会造成很大危害。

2.飞舞产卵的衣蛾

假如在衣柜中发现飞舞的小蛾子，大多是袋衣蛾和幕衣蛾，说明衣柜里的衣物已遭虫蛀。但是蛀衣的不是小飞蛾，而是它们的幼虫。两者的成虫外形看起来不容易区分，不过小虫子却很容易区别。袋衣蛾幼虫爬行时，身上常附有袋子，这是它吐的丝和食物内的纤维连接成的一个袋，所以得名。袋两端有开口，随着虫的生长，袋也不断扩大，幼虫可在袋内转身，并从两端取食而不改变袋的位置。而幕衣蛾幼虫则无此袋，若天气潮湿，衣箱受潮，幼虫发育加快，食害活动最盛。两种衣蛾除蛀害兔毛、羊毛衫外，还危害地毯及壁毯，甚至家具装饰品等。

3.长尾巴的衣鱼

毛衣鱼，俗称蠹鱼，属缨尾目，衣鱼科，也是常见衣服蛀虫。它们的身体细长柔软，尾后有长长的尾须。毛衣鱼是一种夜出性昆虫，生活在阴暗潮湿处，如雨伞久不用时，一打开便能见到它们，见光或稍有声音便受惊迅速逃离。毛衣鱼除蛀害衣服外，纸张、花生、芝麻甚至中药材等食物它们都能吃。

 书画中自有“蛀虫”生

很多人有收藏书画或字画的习惯，有的书籍和字画具有十分珍贵的收藏价值，一旦遭受虫蛀伤害，其损失是难以估量的。所以，一些有经验的书画家对预防蛀虫这项工作非常重视。一般来说，书画中的蛀虫通常是书虱和衣鱼，当然，蟑螂和白蚁也要提防。蟑螂常隐藏在书架里，它们的排泄物常使书籍受到严重污染，污迹不易擦去，影响书画的美观和价值。这里主要介绍2种常见蛀虫。

1.书虱

书虱，属啮虫目，书虱科。它们常出现在纸张里，滑来滑去像虱子，即称书虱。它们十分细小，成虫体长约0.1厘米，尚未发现雄虫。雌虫能自行繁殖，幼虫外形与成虫相同，仅仅是个体较小而已。由于书虱个体小，蛀害性常常被人们所忽视。书虱喜欢阴湿，一年繁衍三四代，成虫或幼虫常在碎屑、尘埃或缝隙中过冬，在干燥的环境中它们就不能生存。它们很怕光，有群集特性。书虱主要啮食粉屑及淀粉糊，凡裱糊的古字画，尤其是一般不常翻动的书画，很容易招引它们的生存和繁殖。除危害书画外，它们还经常出没于家中的食用贮品。

2.衣鱼

衣鱼也常见于书画中。家衣鱼的样子与毛衣鱼很相像，不过个体稍

小。幼虫在蜕皮8～9次后才能见到尾须，成为成虫，至第10次时才开始产卵。它们的习性与毛衣鱼类似，特别喜欢潮湿，最适宜湿度是95%，喜欢嚼食含有淀粉或胶质的物品，如上过浆的书画或裱糊的箱、盒等都是蛀害的对象，严重的可将字画全部蛀毁。

无牙老虎，心腹大患

“千丈之堤，以蝼蚁之穴溃”，这句话所指的就是白蚁。民间还流传着一首歌谣：“小小白蚁，身似糯米，莫说不大，铜头铁嘴。逢山径过，遇水穿底，若问危害，一片半里。蛀蚀特征，纸张布匹，梁架家具，木质纤维，危及房屋，威胁坝堤。”千万别小看这些白蚁，白蚁对房屋、堤坝等建筑物的危害性是有目共睹的，假如出现了白蚁巢，建筑物的坚固性就要受到严重威胁，往往给人们带来无法估量的损失。

白蚁的种类很多，全世界已知有2000多种，我国约有100多种。白蚁是“无牙老虎，心腹大患”，在白蚁繁殖的地方，若是一栋房屋遭受白蚁的侵害，少则一年，多则三年，就会断壁残垣。若是一件家具，招了白蚁，蛀蚀十天半月，钻食心材内部，仅留一层表皮。白蚁摄食纤维时响声很大，但由于它们的活动非常隐蔽，通常不容易察觉，等到被人发现时，已造成了不可挽回的损失。

白蚁给国家经济造成的损失，是非常巨大的。在20世纪四五十年代，粮食仓库大多是旧式的民房寺庙，所以很多仓库都遭受白蚁危害，甚至连地板、门窗都被白蚁蛀蚀空了，没有一件东西是完整的，哪怕是墙上挂东西的木桩，也被白蚁当成了食料。

1972年，麻城县铁门大队加工厂，有一个直径不到30厘米的家白蚁巢。但在短短一年里，白蚁就蛀食了一栋房屋的门窗以及周边的树木，给当地造成了很大的经济损失。白蚁不仅危害木材，还会在江湖堤坝上打洞，使地基下沉，路面不平，造成堤坝决口，使人民的生命财产受到严重的损害。

白蚁简直无处不在，不管在山区、丘陵还是滨湖，或是在房前屋后，都有它们的身影。至于森林地带，白蚁的侵害就更严重了，丘陵地区的白蚁种类和密度虽不及山区多，但由于森林覆盖面小，所以建筑物受害的程度远比山区严重。白蚁的分布密度和土壤的结构、森林的管理、房屋选基和设计、地下物的多寡等条件有密切关系。

白蚁的危害，是与巢体的大小、食料的多寡以及其对食物的喜爱程度所决定的。有资料显示，黑翅土白蚁的活动面积可达2700平方米，家白蚁的地下活动半径为100米，土白蚁的蚁道延伸可长达100米。堤坝内土栖白蚁的巢，能在地下9米处营建，这类白蚁专门找坚硬土层建巢，巢离地面通常在1.5米以下。家白蚁隧道虽不及土白蚁那么深，地下巢一般只在1米之内，不过它们能在水泥地坪下穿掘通过。

危害居室住宅的白蚁通常为家白蚁和散白蚁。家白蚁有翅，成虫头部稍大，群体一般栖居在林地、家园土壤树干内，也往往定居在衣箱、书柜等家具内，每年5～6月的黄昏便能见到它们的婚飞，尤其在雨后闷热的天气里。经过婚飞和脱翅后的雌、雄蚁，大多数钻入靠近树干、木材和建筑物的地下筑巢，并配对交尾。交尾后的5～13天新蚁后便开始产卵。散白蚁群体生活比较分散，而且常近地面，主要生活在木材或树干、树根内，以及房屋的地板、门框、墙角、木柱等处。

养花要注意这些“凶手”

许多家庭喜欢把花草种在阳台或庭院，假如阳台里到处都是盛开的鲜花，那就要谨防昆虫经常光顾了。当然，有些昆虫仅仅是做客而已，有些如蝴蝶一样的昆虫还可以增添庭院的生活气息。不过，这其中会有一些花卉害虫选择定居下来，并且繁殖后代。从此花朵不再鲜艳，枝叶不再茂盛，令人烦恼不已。常见的花卉害虫有：

1.蚜虫

别看蚜虫待在花叶上静悄悄的，实际对花卉的危害可不小！花卉上的蚜虫种类很多，常见的有棉蚜、菊姬长管蚜、月季长管蚜、绣线菊蚜等。棉蚜主要危害柑梧、石榴、菊花、芙蓉等许多植物。全世界已知蚜虫有4000多种，我国有600种以上，大多数是农作物害虫，同时也危害花卉。

蚜虫是刺吸式口器，刺吸植株营养，常使叶片卷曲、萎缩。此外，蚜虫腹部两侧有腹管，能排出“蜜露”，这是因为它们吸取汁液后，仅吸收本身所需的蛋白质等部分养料，而将不需要的糖分排出体外，这种“蜜露”不仅污染植物表面，而且会引来蚂蚁，传播疾病，对庭园环境很不利。

2.蚧壳虫

蚧壳虫的形态多样，圆形、长形、丝状、线状等都有。平时伏在花卉植株上，有的分泌蜡质包裹自身，有的则分泌白色粉末装扮自己。全世界已知蚧壳虫约有6000种，其中我国约占600种，许多种类与园林果树危害有关。

庭园花木中以吹棉蚧壳虫的危害最为普遍，它们常伏在花枝上不动，四周有淡黄色海绵蜡块包裹。雄虫有翅膀，常会飞入住室内伏在墙上。吹棉蚧壳虫会危害桂花、广玉兰、牡丹、玫瑰、月季、石榴、海棠、南天竹、紫藤等花木，寄主很广。

3.蓑蛾

蓑蛾又称袋蛾或避债蛾，属鳞翅目蓑蛾科。秋末冬初，当花卉枝干上已光秃秃时，常见蓑蛾吊在枝干上随风飘动。雌成虫终身隐居在袋或巢筒中，并在其中交尾产卵。雄成虫有翅膀善飞。幼虫在袋中孵化后吐丝随风扩散，取食叶肉，致使植株叶子凋落。每逢高温、干旱持续期长的年份，它们的危害加重。而危害庭园花木的蓑蛾，又称大皮虫，主要危害腊梅、梅花、蔷薇、月季、牡丹等600余种植物。

传播鼠疫的跳蚤

跳蚤的身体尽管十分细小，甚至只有芝麻粒那么大，但它们吸起血来却是十分凶残。吸血是成蚤摄取营养的唯一途径，只有吸到足够的血量，跳蚤才能交配、产卵。不同种类的跳蚤一天内吸血的次数和吸血量是不一样的，有一种头蚤24小时的吸血量多达13～17毫升，几乎是其体重的20～30倍，被誉为昆虫界的“吸血鬼”。

跳蚤是一种能够存储多种病原体的昆虫，这些病原体不仅存在跳蚤体内，而且能够在其体内繁衍生长。所以，跳蚤不仅因为叮咬吸血对人们造成伤害，更重要的是因为它们会带来病菌。

震惊世界的鼠疫，大多数是跳蚤传染的。鼠疫是一种死亡率极高的急性传染病。14世纪鼠疫在欧洲大肆流行，死于这次鼠疫的人在2500万以上，约占欧洲人口的1/4。而引起鼠疫的是一种很小的杆菌，名叫鼠疫杆菌。这种菌通过老鼠身上的跳蚤传染给人类。跳蚤吸食染疫动物的血液后，胃中充满了鼠疫杆菌，食道被细菌阻塞。它们虽是鼠蚤，但有时也会咬人。这种带菌的跳蚤吸入人血时，血液因食道被细菌阻塞无法入胃而从口部回流到被咬人的身体里，鼠疫细菌就在这时随同进入人体，使人患上鼠疫。跳蚤在吸食人血时还可能把粪便排在人的皮肤上，其中也含有大量鼠疫细菌。因为被咬部位发痒，人搔痒后会将鼠疫细菌带入微细的伤口，也会染上鼠疫。

跳蚤身体极小，身上有许多倒长着的硬毛，可帮助它们在寄主动物的毛内行动。它们还有两条强壮的后腿，因而善于跳跃，能跳二三十厘米高。雌虫把卵产在有灰尘的角落、墙壁及地板的小洞里，也可产在动物身上，随着动物的活动而落地或迁移。卵白色，大约四五天就孵化出白色无足的幼虫，幼虫以灰尘中的有机物质和跳蚤的粪便作食料。一般两周后，幼虫吐丝和灰尘粘结成茧并在其中化蛹，再过两周跳蚤就从茧里出来了。

假如跳蚤碰到动物，马上就会吸血危害。所以消灭跳蚤的方法是把墙壁和地上的孔洞用石灰或泥填平，经常打扫，保持干燥和卫生，也可喷洒杀虫药消灭它们。

令人讨厌的小虱子

虱子的成虫和幼虫终生在寄主体表吸血。寄主主要为陆生哺乳类动物，少数为海栖哺乳类，人类也常被寄生。虱子不仅吸血危害寄主，使寄主奇痒难忍，还会传染很多严重的人畜疾病。由虱子传播的回归热是世界性的疾病，这种疾病的病原体是一种螺旋体。虱子的寿命大约有6个星期，每一雌虱每天约产10粒卵，卵能坚固地粘附在人的毛发或衣服上。

8天左右小虱子孵出，并立刻咬人吸血。大约两三周后经过3次蜕皮就可以长为成虫。回归热的传播是虱子咬人后，被咬部位很痒，人在用力抓痒时，会把虱子挤破，它体液内的病原体随抓痒而被带入被咬的伤口，人就此得病。防治回归热最好办法是消灭虱子，比如勤洗澡并时常换衣服，保持环境卫生，身上就不会长虱子。

四处乱飞的苍蝇

苍蝇传播的疾病也不少，包括肠道炎、痢疾、伤寒、霍乱等。家蝇是苍蝇中最常见的一种。它们身上和腿上长着许多毛，喜欢吃粪便和腐烂的动植物。苍蝇落在我们的食品上时，可能才从肮脏的粪便处飞来，它们全身携带着成千上万的细菌，从而污染了我们的食品。

人们吃了这些食品后，大部分细菌经过人胃时死去，不死的细菌则进入肠道，其分泌的毒素被吸收，通过神经和体液的作用可引起大肠充血、水肿、溃疡和出血。患痢疾的病人，表现为腹痛、泻肚或伴有高烧，大便中混有红白脓，身体变得非常虚弱。伤寒病的主要症状是体温上升，脉搏徐缓，大便失常。第7到10天时，下胸和腹部出现淡红色的斑疹。如果病人得不到良好的护理和治疗，死亡率是很高的。

霍乱也是一种非常危险的病，发病急骤，吐泻剧烈，肌肉痉挛，死亡率很高。因此，消灭苍蝇是保证人类身体健康的重要措施。

“瞎虻”的牛虻

虻科昆虫属双翅目，为中型到大型的种类，强壮而有软毛，通常称为牛虻。东北林区俗称“瞎碰”或“瞎虻”，头大，呈半球形，或略带三角形。复眼很大，某些雄虫为接眼式或离眼式；棵出或常有毛，常有绿红及其他金属闪光；单眼有时消失。翅大透明，或着色彩。足强壮，腹部宽有毛，卵长针状，产叠成块并盖以胶质，易被黑卵蜂类寄生，往往被误认为三化螟卵块。

成虫白天活动，以午时为活动高峰。善飞翔。池边、水旁常见，飞行迅速。有时吸取花蜜，但最普通为好血性。雌虫有较强的螯刺能力，雌虻每次数分钟，即能充满血液于腹部。温血动物，包括人类在内都受其伤害，牛马等厚皮动物也易受其侵袭。东北林区，牛虻有时能飞快地袭击动物颈部露出部分，啄取大块皮肉而逸去。据报道，被小型虻咬伤一次失血可达40毫克，最大型的虻，如虻属、瘤虻属的某些种类则一次可使动物失血200毫克。曾记载一头家畜在一个夏天可失去100毫升的血。不仅如此，某些虻还能传播

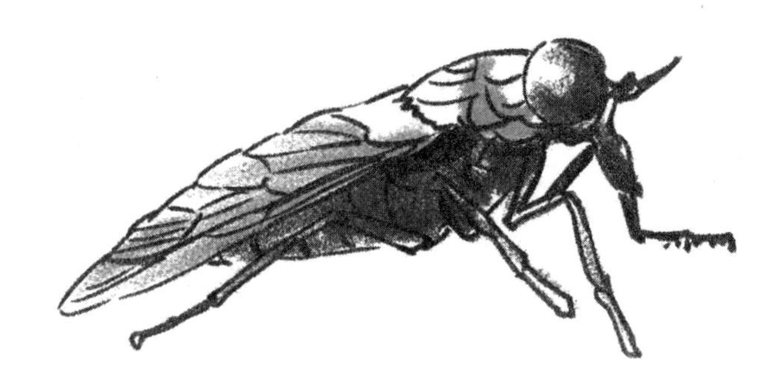

牛羊等家畜的炭疽病。我国西北的骆驼及南方的牛马的伊氏锥虫病，也是由虻传播了原虫所致。虻还可传播边虫病、土拉杆菌病等。因此，虻类为重要的畜牧业害虫。

第07章
解密昆虫丰富的形态

昆虫丰富多彩的语言

与人类世界一样，昆虫世界也有各种各样的语言。虽然，这些语言人类不能听懂。假如把同类昆虫的不同个体之间，不同昆虫种类之间甚至昆虫与包括其他动植物在内的环境之间的“沟通”称为“语言”，那么昆虫自身的语言系统是值得研究的，而且一旦深入研究就会发现相当有趣。

众所周知，人们平时是用语言或手势、眼神进行交谈、表达思想和传递感情的。尽管昆虫属于比较低等的动物，它们的“语言系统”远远不能与人类的语言系统相提并论，但是昆虫作为动物世界中种类众多、个体数量最大的类群，它们有自己独特的语言系统，甚至还具备了眼睛、嘴巴、鼻子以及耳朵这样的语言沟通条件，所以可以凭借颜色、声音、气味和动作等进行沟通，尤其是雌雄之间能够传递觅食、防卫以及躲避敌人等信息。

昆虫的“语言”多姿多彩，表达方式也五花八门。遗憾的是，迄今人类对这种“语言”知之甚少，有的方面只是刚刚涉足，有的则尚未有人探索。尽管如此，我们仍可以相信，随着人类认识的不断提高和研究技术的进一步完善，人类必将越来越深入地了解昆虫“语言”之谜，并运用这些知识主动而有效地控制昆虫的行为。

昆虫的视觉语言

1.舞蹈语言

昆虫的舞蹈语言在传递信息的过程中起着重要作用，这种作用在蜜蜂中表现特别突出，在蝴蝶中也十分明显。

蜜蜂群是一个小型社会，每个蜂种都会被分配工作，如工蜂就负责筑巢、采粉、酿蜜、育儿这样的繁重工作。它们并不是率先出门的蜜蜂，先出门的应该是“侦察蜂”，侦察蜂的任务就是寻找鲜花。一旦侦察蜂找到距离蜂箱100米以内的鲜花，就会马上回蜂巢报信，它们会留下追踪信息，同时还在蜂巢上交替性地向左或向右转圈，类似跳舞一样爬行。假如蜜源在距蜂箱百米以外，侦察蜂便改变舞姿，呈“∞”字，所以也叫“8字舞”或“摆尾舞”。

假如将侦察蜂的全部爬行路线连起来，直线爬行的时间越长，则表示距离蜜源越远。直线爬行持续1秒，表示距离蜜源约有500米；若是持续2秒，则距离约1000米。在侦察蜂开始表演舞蹈的时候，附近的工蜂会伸出头上的触角抢着与其进行身体接触，这或许是从对方那里了解详细的信息。侦察蜂跳的摇摆舞，不仅能够表示距离蜜源的远近，也起着指定方向的作用。蜜源的方向是凭借跳摇摆舞时的中轴线在蜂巢中形成的角度来表示的。当然，如果遇上阴雨天气，舞蹈定位方式就有点不准确。蜜蜂会及时变换指数，依靠天空反射的偏振光束来确定方位，及时回巢。

也许，我们会发出疑问，当工蜂在漆黑的蜂箱里跳舞时，其他蜜蜂是如何看到的呢？原来它们是利用头上颤抖的触角抚摸工蜂身体，使“舞蹈语言”转换成“接触语言”而获得信息的。这种传递方法，有时也会失灵。所以它们还要利用翅的不断振动来发出不同频率的“嗡嗡”声，用来补充“舞蹈语言”的不足和加强语气的表达能力。

鳞翅目昆虫中的蝶类，同种异性之间也常常以“舞蹈语言”来表达情谊。雌、雄蝶自蛹中羽化出来后，便选择阳光明媚的天气，在林间旷野和百花丛中追逐嬉戏。它们时高时低，时远时近，形影不离地跳着“求爱舞蹈”，以表达各自的衷情。尽情飞舞后，它们便挑选将来儿女们喜爱的寄主植物停留下来，用触角互相抚摸。当雌虫接受求爱后，才开始“洞房花烛之欢”。雄蝶离去，雌蝶方产下粒粒受精卵，达到传宗接代的目的。四点斑蝶的求爱“舞蹈语言”更为奇特。当雄、雌个体性成熟后相互接近时，雄蝶便温情脉脉地扇动双翅，在雌蝶周围缓慢地作半圆圈飞舞，以示求爱。雄蝶飞舞几圈后，若雌蝶不停地摆动触角，即表示接受求爱。此时两者靠近，互相用足和触角去触碰对方的翅缘，然后安静下来，共享欢乐。丝带凤蝶可以说是天生一对，地配一双，它们情投意合，形影不离，流连于花间，用“舞蹈语言”互相倾诉柔情蜜意。

2.色彩语言

虽然蝶类所能看到的图像模糊不清，但是其辨别颜色的能力却非常强。有人认为，蝶类在花丛中飞舞并选择花朵时，不是从花朵的外形来分辨，而是从花朵的颜色来分辨的；雄蝶寻觅“伴侣”，也首先用眼睛分辨对象翅上的斑纹是否属于“同族”。还有人发现，苍蝇在产卵时需要寄主植物颜色、形状和化学气味的协调刺激。

昆虫的化学语言

昆虫传递信息的主要形式，是利用灵敏的嗅觉器官识别一些信息化合物。昆虫利用气味传递信息的方式，叫做“化学语言”。化学信号在昆虫种内、种间个体联系以及食物、产卵场所和配偶选择过程中具有举足轻重的作用。

据科学家们验证，家蚕雄蛾的一根触角上，约有1.6万个毛状感觉器。蜜蜂一根触角上的感受器可多达3000～30000个。它们接受气味的能力不容小觑。舞毒娥的雄性可感受到500米以外雌蛾释放出来的气味。某种天蛾能感受到几里以外同种异性的气味，其敏感程度足以达到单个分子的水平。

众所周知，稻螟之所以专门以水稻为食，是因为稻株能释放一种被称作稻酮的引诱物质；菜粉蝶喜欢在十字花科植物上产卵，也主要是因为这类植物具有芥子苷这种引诱信号。

蜜蜂习惯过“大家庭”生活，其“家庭成员间的通讯联系”，甚至各种级别的分化和形成，不少与“化学语言”有关。

蚂蚁是人们常见的生活在地穴中的社会性昆虫。蚂蚁出巢寻找食物，总要先派出“侦察兵”。最先找到食物的“侦察兵”，在返巢报信的途中，遇到同巢的成员时，先用触角互相碰撞，然后再用触角闻几下地面，这样不仅通过气味信息传递了食物的体积大小、所在的方向和位置，而且也指出了通向食物的路径。蚂蚁的这种传递信息方式，被称为信息化合物语言。这种语言只是在同一种昆虫之间传递。

雌蛾用腹端腺分泌的性诱外激素气味作为呼唤配偶的“甜言蜜语”，能被距离数百米以外到千米的雄蛾所感知。

昆虫不像高等动物那样具有专门用来闻味的鼻子。它们的嗅觉器官大多集中在头部前面的那对触角上。生长在触角上的化学物质感受器官，是它们的嗅觉器官。不同种类昆虫的触角形状不同，长在上面的嗅觉器官外形也不一样，有的像板块，有的呈尖锥形，有的像凹下去的空腔，有的像鸡身上的羽毛。一些雄蛾的感受器是羽毛状的，像电视机上的天线一样可左右上下不停地摆动，以接受来自不同方位的气味。

昆虫以歌声传递信息

通过声音传递信息也是昆虫的一种“语言”形式。昆虫虽然不能用嘴发出声音，却可以充分运用身体上的各种发声器官来弥补这一不足。昆虫虽无镶有耳轮的两只耳朵，但它们有着极为敏感的听觉器官（如听觉毛、江氏听器、鼓膜听器等）。昆虫的特殊发音器官与听觉器官密切配合，就形成了同种之间传递各种“代号”的声音通讯系统。

东亚飞蝗的发声，是用复翅上的音齿和后腿上的刮器齿互相摩擦所致。音齿长约1厘米，共有约300个锯齿形的小齿，生在后腿上的刮器齿则很少，但比较粗大。要发声时，东亚飞蝗先用四条腿将身体支撑起来，摆出发音的姿势，再把复翅伸开，同时举起弯曲粗大的后腿与复翅靠拢，上下有节奏地抖动，使后腿上的刮器齿与复翅上的音齿相互击接，引起复翅振动，从而发出“嚓啦、嚓啦”的响声。

昆虫的摩擦发声大多是由20～30个音节组成，每个音节又由80～100个小音节组成。发出来的声音频率多在500～1000Hz，不同的音节代表不同的讯号。因此，音节的变换在昆虫之间的声音通讯联络中有着重要作用。

据报道，家蝇翅的振动声音频率为147～200Hz。经研究，不同种类、不同性别蚊虫的翅振频率别均不相同，雄性明显高于雌性。农民有句谚语：“叫得响的蚊子不咬人”，就是这个道理，因为雄蚊是不咬人的。

大多数昆虫发出的声音是极小的，它们之间使用人类很难模拟的“语言”进行喃喃“私语”。但是，有的昆虫能发出十分响亮的声音，蝉类就是它们的杰出代表。雄蝉腹部有一个像大鼓一样的发声器，雄蝉很像不知疲倦的“歌唱家”，夏季从清晨到夜晚到处都可以听到它们响亮的“歌声”。原来，仲夏季节蝉从地下钻到地面后，只能活到秋天。在短暂的一生中，它们不得不抓紧时间以没完没了的“歌唱”来召唤自己的“情侣”。有趣的是，蝉的种类不同，鸣叫时所发出的声波也不同，如夏蝉喜欢“引吭高歌”，而寒蝉的“歌唱”总带有低沉悲切的色调。这样一来，一种蝉的个体对另一种蝉发出的“求爱”歌声是不会理会的。就算是同一种蝉，假如雄蝉“歌喉”出了毛病，由它“演唱”的“情歌”，也会失去对“情侣”的引诱力。此外，斗蟋蟀时胜利者的得意鸣叫，也许就是一种“凯歌”吧。

有发音器就有听觉器（耳朵）。昆虫的听觉器官请参看“昆虫各种各样的耳朵”。昆虫对“声音语言”的巧妙运用与灵敏度，已有点像人类使用的“大哥大”和“BP机”，但其“语言”与听觉器官的相互作用，是否已具有人类发音与收音之间的那种密切连带关系，还需进一步探讨。

昆虫通过光发送信号

萤火虫由于不同的呼吸节律，形成时明时暗的“闪光信号”。当你把许多的萤火虫放在一只玻璃瓶里，玻璃瓶就像一只通了电的灯泡，萤火虫会发出均匀的光来。

不同种类的萤火虫，闪光的节律变化并不完全一样。一种美国的萤火虫，雄虫先有节律地发出闪光，雌虫见到这种光信号后，准确地闪光2秒，雄虫看到同种的光信号，就靠近雌虫结为情侣。科学家们曾实验，在雌虫发光结束时，人工发出2秒的闪光，雄虫也会被引诱过来。另一种萤火虫，雌虫能以准确的时间间隔，发出“亮一灭，亮一灭”的信号，雄虫收到用灯语表达的“悄悄话”后，立刻发出“亮一灭，亮一灭”的灯语作为回答。

有一种萤火虫，雄虫之间为争夺伴侣，会有一场激烈的竞争。它们能

发出模仿雌虫的假信号，把别的雄虫引开，好独占“娇娘”。

除萤火虫外，还有许多昆虫只有在夕阳西下，夜幕降临后才飞行于花间，一边采蜜，一边为植物授粉。漆黑的夜晚，它们能顺利地找到花朵，这也是“闪光语言”的功劳。夜行昆虫在空中飞翔时，由于翅膀的振动，不断与空气摩擦产生热能，发出紫外光来向花朵“问路”，花朵因紫外光的照射，激起暗淡的“夜光”回波，发出热情的邀请；昆虫身上的特殊构造接收到花朵“夜光”的回波，就会顾波飞去，为花传粉作媒，使其结果，传递后代。这样，昆虫的灯语也为大自然的繁荣作出了贡献。因此，夜行昆虫大多有趋光性，“飞蛾扑火”就是这一习性的真实写照。

奇奇怪怪的幼虫

幼虫是昆虫大量取食的阶段，由于其食料来源不同，其外部形态也千差万别，有的讨人喜欢，有的令人望而生厌，也有的使人产生恐惧。

1.多足的幼虫

大多数脉翅目、广翅目，极少数鞘翅目、长翅目、鳞翅目和膜翅目叶蜂类的幼虫，是多足型幼虫。

多足型幼虫除胸足外，腹部还具有多对足，呼吸系统属周气门式。根据幼虫的体型和足的形态，又可分为多足型和蠋型两类。前者腹部具有若干对刺突，如广翅目的泥蛉除前8腹节各有1对刺突外，前7腹节还各有1或2对生有呼吸丝的泡。脉翅目的鱼蛉幼虫、鞘翅目的水龟虫幼虫等都属于多足型。后者蠋型幼虫，其特点是体呈圆筒形，腹部有足，大多数鳞翅目幼虫、叶蜂幼虫、若干长翅目幼虫都属于此类。

2.穿着蓑衣走路的幼虫

蓑蛾的幼虫能吐丝织成各种形状的蓑囊，囊上粘附断枝、残叶、土粒等，幼虫栖息其中。行动时，幼虫将头、胸伸出，负囊移动。老熟幼虫将囊用丝悬挂在植物上，在囊内化蛹。雌蛾无翅，终生栖息在蓑囊内。雄蛾羽化后从囊的下端飞出，雌蛾羽化后在囊内伸出头、胸，等待雄蛾飞来交尾并产卵在囊内。幼虫会危害果树、林木、谷类作物和蔬菜。

3.无足的幼虫

双翅目、膜翅目的细腰亚目、蚤目，以及鞘翅目的象虫科等的幼虫均属无足型。无足型幼虫的特点是身上没有任何附肢，而这多数是由寡足型或多足型幼虫附肢消失而来的。由于它们通常生活在容易获得食料的环境中，所以不仅行动器官退化，而且感觉器官等都不发达。无足型幼虫按头部形态，常又分为全头式、半头式和无头式三种类型。

4.寡足的幼虫

寡足型幼虫多出现在鞘翅目、毛翅目和部分脉翅目昆虫中，它们具有发达的胸足，但腹部无足。典型的寡足型幼虫是捕食性的，它们的行动器官和感觉器官都很发达，但也有一些过渡性或特化的类型，表现出不同程度的退化，如金龟子的幼虫——蛴螬。

5.若虫

不完全变态类昆虫的幼虫与成虫相似，仅在个体大小、翅和外生殖器等方面不同，称为若虫。蝗虫的若虫叫蝗蝻，是不完全变态类昆虫的代表。

昆虫各种各样的耳朵

各式各样的昆虫，它们的耳朵也是千奇百怪。比如，你知道蝉有耳朵吗？曾经有人做过一个实验，将两门土炮架在大树下，蝉正在树上如痴如醉地唱着情歌。点炮之后，雷鸣般的声音令人震耳欲聋，但蝉好像什么也没听见一样，还是一直唱歌，所以得出结论——蝉是“聋子”。其实，蝉并不是“聋子”，只是它们的听力范围与人类不一样。

昆虫的耳朵不像人类的耳朵，昆虫的耳朵有各种各样的外形，在身体上的位置也不固定，其中最简单的耳朵就是感觉毛了。这种毛状听器构造很简单，内部只有一个神经细胞与毛窝膜连接，当毛受到空气振动或压力而弯曲时，毛窝膜通过神经细胞传至中枢神经，从而作出相应的反应。另一类耳朵叫鼓膜器，它有一个略凹入周围体壁的椭圆形或圆形的鼓膜及一组由剑梢感受器组成的听体，听体直接连接在鼓膜的内壁上，或连在与鼓膜相连的后生薄膜上。

昆虫能够发出和接受声音信号的能力早已引起科学家的注意，由此发展出一种防治农业害虫的新方法——声防法，也就是利用昆虫对声音作出反应的特性，诱集或驱避某些种类的昆虫，以减少危害，并已获得初步成功。

1.触角上的耳朵

雄蚊和蚂蚁的听觉感受器长在触角上，而其中最灵敏的要算琼氏器了。琼氏器位于触角梗节中，多数昆虫用它控制触角的方位和活动，但雄蚊和豉甲的琼氏器是用来做听觉器官的。雄蚊的琼氏器约有3万个感觉细胞，其灵敏度可与人类耳朵媲美，对350～550Hz的低频率声波的反应最为灵敏。

2.胸部的耳朵

仰泳蝽的耳朵在胸部，鳞翅目成虫的鼓膜听器位于后胸或第一腹节上。夜蛾的听器长在胸、腹部之间凹处，能够感受超声波，这种能力使夜蛾能及时躲避蝙蝠的捕食，当蝙蝠出现时，其发出的超声波早就通知了夜蛾，于是夜蛾急忙躲避起来。

3.腹部的耳朵

蝉的耳朵长在腹部第二节附近，由比较厚的鼓膜和下面的1500个剑梢感受器组成，声波传到听觉感受器上，感受器再把信号传到脑，蝉就听到了声音。不过由于这些剑梢感受器像丝一样延长，所能感受到的声波有限，所以蝉的听力不太好。蝗虫的耳朵则位于第一腹节两侧，像半个月牙形的小坑里有块镜面样的鼓膜，每个鼓膜下有60～80个感觉细胞。不过，当蝗虫在休息的时候，两个耳朵被完全翅膀盖住，只有在展翅飞翔时才暴露在外，蝗虫接受声音的能力才会更敏感。

4.尾须上的耳朵

蟑螂的听觉感受器长在尾须上，狡猾的蟑螂能够在人们发现它们的瞬间逃之夭夭，就是其尾须的毛状感受器给它们报了警。这种听觉感受器就像一台高度灵敏的微波振动仪，能感受到频率很低的声波，不仅能测到振动的强度，就连方向也能感受出来。

5.腿上的耳朵

蝈蝈、蟋蟀是大家所喜爱的鸣虫。许多爱好者不惜高价购买雕琢精美的葫芦来装这小小的草间野虫，就是为了能随时欣赏其悠扬醇美的歌声。那么这些鸣虫是用什么来倾听彼此间的“歌声”的呢？ 原来它们用来听音的耳朵长在前足胫节上，这是一个膜状构造，称为鼓膜听器。

第08章

昆虫博物馆的奇闻趣事

像竹子的竹节虫

有一种昆虫生活在竹林里，它们有惟妙惟肖地模仿竹枝的型状和竹叶青翠体色的本领，即便有敌人来也难以发现它们。因此，人们给这种昆虫起了一个十分形象的名字——竹节虫。

竹节虫属竹节虫目，头部几乎与身体等宽，细长而分节明显的身体极似竹枝。前足短小，两对细长的中、后胸足紧贴在身体两侧。前足常常攀附在竹叶的柄基上，后足紧抓竹节。

当它们在竹枝上停歇时，有时将中、后胸足伸展开，不时微微抖动几下，好像竹枝受到了微风的吹拂。竹节虫胸足的腿节与转节之间有缝，遇敌易断肢脱落，脱落后仍能再生。竹节虫多为无翅种类或在中胸和后胸的中部有马鞍状翅芽，热带的有翅种类前后翅发达。

竹节虫为不完全变态的渐变态昆虫，若虫和成虫的基本形态、食性和生活环境相似。它们一般进行两性生殖，但也常有孤雌生殖的。在进行两性生殖时，雌雄交尾不是雄上雌下，而是雌雄尾部相接，头的方向相反，

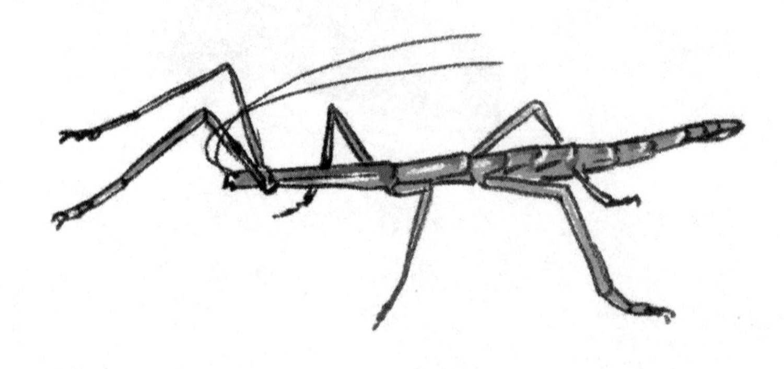

很像延长的竹枝，这也跟它们的仿竹拟态相一致。

竹节虫还有保护自己的本领：只要树枝稍被振动，它们便坠落在草丛中，收拢胸足，一动不动地装死，然后伺机溜之大吉。

 似叶非叶的枯叶蝶

在昆虫界，有的昆虫喜欢模仿叶子，其中最有名的就是竹节虫目叶虫修科的一些种类。它们平时喜欢停留在植物上休憩，看起来就像是树叶，所以称它们为叶子虫。叶子虫体扁平，雌虫前翅发达呈叶片状，翅脉明显，很像植物叶片的叶脉，后翅退化；雄虫前翅退化，后翅发达。它们足宽扁，尤其是前、中足腿节和胫节呈片状。体色多为绿色或褐色，与所休息生活环境中的植物叶片颜色相似，所以不容易被其他天敌发现，以此逃避侵害。这类昆虫成虫不善飞翔，大多喜欢生活在热带和亚热带地区，我国福建和南沙群岛可采集到。

“似叶非叶枯叶蝶，时现时隐飞或歇；后翅尾突如叶柄，并翅藏头酷

似叶。色似枯叶纹似脉，巧夺天工堪称绝；翅表闪蓝橙黄带，突然展翅惊飞雀。”鳞翅目蛱蝶科的枯叶蝶和枯叶蛾科的枯叶蛾也是著名的仿叶拟态昆虫。这两类昆虫在仿叶拟态方面的以假乱真术，着实到了绝佳的程度。当它们在树枝上休息时，人们简直分不清楚哪个是虫，哪个是叶，若不认真观察，实在难以分辨。

枯叶蛾是枯黄色或橘黄褐色的，一般多为中等大小的蛾类。当它们停歇在枯枝上时，翅盖在背上像屋脊一样。前翅顶角尖，好似枯叶的顶尖，自前翅后缘中部有一条纵脉（线）伸向前翅顶角，恰似叶片的主脉。边缘呈锯齿状的后翅，一部分从前翅下方伸出，很像枯叶的边缘。静止时后翅肩角和前线部分突出，形似枯叶状。一对下唇须并列在一起伸向头的前方，像离开枝条的叶柄。有的枯叶蛾翅面上还生有不同颜色鳞片形成的斑纹，像枯叶上的病斑。

喜欢互相模仿的昆虫

每到春季，百花盛开的季节，不管是在公园的花坛上，还是街边的花丛里，我们都会看到许多昆虫像聚会一样聚集到一起。蜜蜂、食蚜蝇和寄蝇是众多互仿中的常客。尽管这些昆虫并不是同一科中的亲兄弟，不过在昆虫世界里，它们的亲缘关系很近。

它们的体型和大小相似，算是同族中的小个头。体色也十分近似，都是黄褐色，还都属于拟态之列。假如你不仔细观察或对它们的明显特征还没有完全掌握，你可能区分不出它们到底谁是谁。

蜜蜂触角呈膝状，口器为嚼吸式，两对膜质翅，由翅钩列将每侧的前后翅连在一起，后足发达为携粉足。食蚜蝇和寄蝇都属双翅目，它们只有一对发达的前翅，后翅退化成平衡棒。但食蚜蝇属于食蚜蝇科，翅大，外缘有与边缘平行的横脉，从而使中部的翅脉形成封闭的翅室，这是食蚜蝇的主要特征。寄蝇属于寄蝇科，体较粗壮，全身具毛，粗毛较多，特别在腹部有成排而明显的缘鬃、背鬃和端鬃。翅后缘基部有腋瓣。中胸后盾片特别发达，露在小盾片外，成一圆形突起，从侧面看特别明显。根据这些明显特征也就不难分辨这三种彼此相仿的常客了。

昆虫界的“变色龙”

很多昆虫能巧妙地模仿环境的颜色，减少被人发现的概率。土蝗的颜色像土，竹节虫像枯枝或绿色的叶片，甚至昆虫学家有时也会被骗。“尺蛾黑化”最能说明昆虫的这种适应性了。工业社会前，尺蛾为适应环境，身体颜色为灰色；而当工业社会到来以后，环境污染逐渐加重，尺蛾的身体渐渐变为黑色。

一些昆虫体内有毒，令捕食性天敌望而生畏而避之。因此，一些无毒的昆虫就会模仿有毒昆虫的外形和行为，以保护自己。斑蝶大多有毒，所以常成为其他蝴蝶模仿的对象。

昆虫界的建筑师

在昆虫界，也有各种身怀绝技的类群，比如十分有想法的“建造师”昆虫。尤其是膜翅目的蜜蜂、马蜂类，它们很喜欢为自己建造房子，简直就是十分高明的建筑师。不同类别的蜂，所搭建的房子也有所区别。蜜蜂所建造的蜂巢造型看起来十分奇怪，结构巧妙，是昆虫界中的标志性建筑，科学家很早就对此进行研究。

早在18世纪初，法国科学家马拉尔就认真研究过蜂巢。他先是将蜂巢上的每一间蜂房作比较，发现每间蜂房的孔洞和底部都是六边形，假如将每个蜂房底部分为三个菱形截面，则每个锐角和每个钝角的度数一样。蜂巢的口全是朝向下方或朝向一面。蜂房建成六边形可谓一举两得，既可以节约原材料，还能合理利用空间。

像蜂巢如此漂亮的房子，你知道是怎么建成的吗？可以说，蜜蜂的筑巢工作基本上都是交由工蜂负责。工蜂们首先吸饱花蜜，然后两只工蜂用前足紧紧地抓牢筑巢处上面的物体，伸出后足让下面的两只工蜂抓住，诸如这样相互连接，形成两条蜂链。当长度达到一定程度时，每条蜂链中的最后一只工蜂借中足的摆动和翅的振动，使原来的两条蜂链合并成一条环链。大概经过一天的休息后，工蜂体内的蜜汁经吸收分解，变成了蜂蜡，再通过腹末的蜡板分泌腺，分泌出一层薄的蜡片。

这时工蜂们才分开进行下一步筑巢工作。工蜂先用足上的毛将分泌出来的蜡片刷下来，送入嘴里嚼成多块蜡板，然后将这些蜡板传递给在箱板上等待造巢的工蜂。它们用嘴接过蜡板，将其均匀铺在顶板上，作为蜂巢的基础。其他工蜂都送来蜡板，将巢基慢慢加高。一根蜡柱从顶板上垂下来，另一只工蜂便在蜡柱中间做出一个六边形的洞，经过精雕细琢之后，第一个六边形的蜂房就建好了。也许这只工蜂就是总建筑师，其他工蜂在它的基础上有条不紊地施工，建成一个个六边形的、相互连在一起的单间独居蜂房，最后形成一座美丽独特的蜂巢。

而马蜂巢经常是搭在树木上、屋檐下、树洞或者房屋内，有的会把巢筑在地下。马蜂属膜翅目，胡蜂科，完全变态。本科包括群栖性种类和独栖性种类。群栖性胡蜂一般有三个级别，即蜂王、工蜂和雄蜂。通常群体数量不多。蜂王在春季开始取木质纤维，经咀嚼成纸浆状，拿来筑巢。它选好筑巢地点后，首先在树枝或屋檐木头椽子上筑成一个短圆柱基，然后在柱基上逐步扩大，筑造成近似半月形的吊钟巢。巢的大小不一，最大的是大黄蜂的巢，其直径可达66厘米。大黄蜂的巢呈椭圆形，筑于墙壁空隙间。蜂王筑巢完成后，在每个蜂房内产受精卵一粒。无足小幼虫孵化出来后，每天喂以捕获来的昆虫及蜜糖等物质。幼虫生长发育完成后，则由成蜂将蜂房开口用纸浆封闭，让其在内化蛹。蛹羽化为成虫后咬破封闭纸而出。工蜂于秋季羽化后，待有性虫出现即进行交尾。

巢群在冬季仅留幼蜂王越冬，到第二年春季再重建新巢。蜂王则不再在旧巢产卵育儿，而是以旧巢为基础，在其上另建新房，一年中能造成一个十数层的，倒挂在悬崖或树枝上的“楼房”。如果建筑材料含水过多而不坚固，它们便扇动双翅将巢吹干。胡蜂和黄蜂这种吊钟式的“楼房”，既不占土地面积，又能高高在上，避免人类的骚扰和天敌的侵害，为人类在建筑学上提供了新的思路。

昆虫界的抓举冠军

如果昆虫界召开一场运动会，肯定有许多昆虫跃跃欲试参加一些项目，比如抓举。众所周知，吊车的力量是很巨大的，不过它的吊举能力远不及自身的重量。或许你不知道，真正的抓举冠军并非吊车，也不是人类，而是在空中飞翔，靠捕捉其他有害小虫为食的蜻蜓、金龟子和盗虻。

科学家曾做过这样的实验：捉来一只身体健全的蜻蜓，用线把它的胸部捆好，让它抓住相当于自身体重20倍的食物，然后将蜻蜓轻轻提起，蜻蜓竟能靠足的抓力，抱紧食物达15分钟之久。我们也能看到蜻蜓捕捉比自身体积大5倍以上的天蛾成虫，飞离地面数米，然后停留在树梢上嚼食。

大花金龟可以抓起324克的重物，比自身的重量重53倍。盗虻在抓举竞赛中也不示弱，它们能捕捉到比自己身体长1倍、重2倍的负蝗，用足轻而易举地抓吊着，然后远走高飞。昆虫不但抓举能力强，而且抓得很牢固，如果想把它们抓住的食物拿掉，并不容易，强行夺取有时甚至将腿拉断它们也不肯松开。

昆虫界的五项全能艺人

在昆虫中，像蝼蛄一样能够把疾走、游泳、飞行、挖洞和鸣叫才能集于一身的昆虫，可以说是绝无仅有，虽说它们样样不精，难以获得单项冠军，但还称得上是“五项全能”的好手。

1.海陆空全能

提到蝼蛄，凡是在农村生活过的人，对它们都不陌生。每逢插秧季节，大田灌满水后，常把蝼蛄的家园冲毁，于是它们纷纷从地洞中出来逃命。有的在水面上游泳，有的在田埂上疾走，一到晚上，它们纷纷向灯光处飞行，真是会游、善跑、能飞的“海陆空”全能型健将。

2.高效的挖洞机

说到蝼蛄惊人的挖洞能力，还有个传说：很早以前，有个横征暴敛、欺压人民的皇帝，百姓被他压榨得无法生活下去了，便联合起来反抗。他们拿起锄头扁担冲进皇宫，皇帝闻讯从后门落荒而逃。追赶的人群喊声震天，惊慌失措的皇帝正无处躲藏时，只见路旁有个蝼蛄挖的土洞，便一头钻了进去，躲过了这场“灭顶之灾”。后来皇帝为报答救命之恩，赐给蝼蛄边地一垄，任它们随意吃空禾苗。故事虽然出于虚构，但蝼蛄挖洞能力的强大可是千真万确的。

蝼蛄挖洞的特殊本领，出自它们胸部生长着的那对又粗又大的前足，上面有一排大钉齿，很像专门用来挖洞的钉耙。蝼蛄挖洞时，先用前足把土掘松，尖尖的头便靠着中足和后足的推力，用劲儿往里钻，坚硬宽大的前胸一起一伏地把挖松的土挤压向四周。就这样挖呀，钻呀，压呀，一条条隧道便形成了。

3.高明的歌唱家

你知道吗，蝼蛄还会鸣叫呢！不过，纵然它们学着蟋蟀和螽斯那样“摩翅而歌”，在地下传出沉闷的“咕咕”之声，然而结果却难登大雅之堂。听到这不雅之声，有人误以为是蚯蚓在叫呢，其实蚯蚓是根本没有发声功能的。蝼蛄的鸣叫，其实是雄虫的求爱信号，引诱雌虫前来相会。

蝼蛄虽然“五项全能”，却是一种害虫。蝼蛄除了掘土打洞，造成水田流失外，最大的危害是破坏植物生长。由于它们的食性很杂，庄稼地里植物的根、茎它们都爱吃，如大豆、麦类、玉米、高粱、烟草、棉花、蔬菜等，所以是农业上的大害虫，属地下害虫之列。

昆虫界总爱操心的“父母”

昆虫世界与人类世界一样，有调皮可爱的昆虫，就有总爱操心的父母。于是，昆虫世界里出现了一群对子女异常慈爱的父母。

1.身背卵块的负子蝽

蝽象宽阔的背部总是负载着一个个像小馒头一样的球体，且非常有规律地紧密排列着，看起来有点像“龟驮碑”。很多人都不明白为什么蝽象身体构造会这样。其实，这就是蝽象的特点，那看起来像小馒头一样的正是它的儿女们，也就是雌蝽象产的卵。雄虫背负着这些卵宝宝直至它们破壳降生为止，负子蝽因此而得名。

负子蝽是水生昆虫，生活在池塘、河渠、水库等水域，它们主要以小鱼、小虾、小蝌蚪等水生生物为食。负子蝽的家庭生活独特而有趣。“夫妻”常常形影不离，生儿育女分工明确、配合默契。雄虫常背着雌虫，在水中悠闲游走，雄虫主要负责捕食，其妻子则坐享其成，可称得上模范丈夫。当负子蝽雌虫快要产卵时，便爬上雄虫体背，用前足紧抱雄虫的胸板，用后足蹬在雄虫腹部的翅上，支撑起身体，腹部末端向下弯曲，开始产卵，一次可产100多粒，自前而后，排列非常整齐。卵牢固地粘在雄虫体背上，雄虫就驮着卵在水中生活，等待卵的孵化。于是，雄虫既当爹又当娘，默默无闻地担负起养育儿女的重任。它们背着自己的孩儿在水中游来游去，一方面寻觅食物以保证自己拥有强健的体魄，好使背上的卵宝宝在父亲体背这张温床上健康发育成长；另一方面是为了躲避敌害，确保孩儿的安全。就这样经过数日，父背上的卵宝宝们发育成熟，破壳而出了。此时，它们的父亲才感到背负渐渐变轻，直到望着孩子们纷纷游离而去，雄虫这才松了一口气，它的“护子”“育子”重任才算完成了。

2.孵卵育儿的蠼螋

蠼螋俗名叫耳夹子虫，这类昆虫也会抱卵。雌雄交配后，会在地下挖一个8厘米～10厘米深的洞，作为宝宝生长的地方，并将洞壁修理得整整齐齐，雌虫便进入育儿室，很快开始产卵，产卵完毕，便伏卧在卵堆上，像母鸡孵小鸡一样。经过漫长的20多天之后，宝宝们就出生了。

这时雌耳夹子虫便将洞口打开，到外面去为孩子寻找食物。出生不久的幼虫，常需要母亲的陪伴，幼虫慢慢长大直到3岁，母亲才允许它们离开巢穴，独立谋生。雌耳夹子虫为儿女操心费力，堪称慈母；而雄耳夹子虫在抚育儿女方面则什么也不干，因为它们在婚配后不久生命便结束了。

3.负夹卵鞘的蟑螂

不同种类的昆虫，母爱的表现形式也有所不同。蟑螂是人们讨厌的偷油婆，它们有着超强的繁殖能力，这与雌虫的护卵习性有关。在蟑螂的儿女尚未出生的时候，它们就已经表现出对子女的关爱。雌虫排卵之前，在腹部先形成一个黄褐色的卵鞘，卵鞘里包着20～30粒卵。卵鞘产出后，它也不会将其放下，害怕其他捕食性动物吃掉或伤害，仍将卵鞘粘连在自己的腹部末端。就连晚上出去寻找食物时也拖着这个沉重的“负担”，宁愿自己辛苦点，也不让子女遭受伤害。卵在卵壳里一天天地发育，直到小幼虫降生之前，雌虫才将卵鞘卸下，安放在一处安静又阴暗的缝隙里，几天后小幼虫就出世了。

参考文献

[1] 魏红霞. 昆虫百科[M]. 北京：北京教育出版社，2015.

[2] 焦庆锋. 万物探索.昆虫王国[M]. 济南：山东美术出版社，2020.

[3] 王轶美，刘芳. 千奇百怪的昆虫：有趣的昆虫[M]. 武汉：长江少年儿童出版社，2020.

[4] 侯海博. 昆虫百科全书（注音版）[M]. 南昌：江西美术出版社，2017.